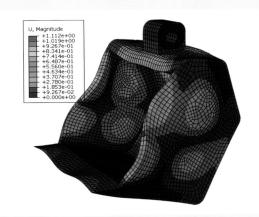

铲斗二十一阶位移图

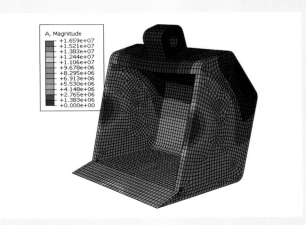

铲斗加速度图

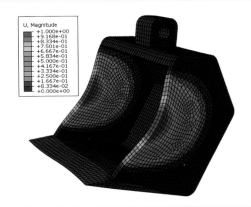

铲斗七阶位移图

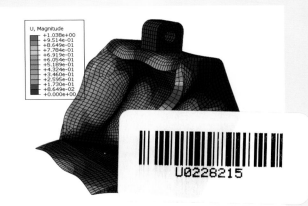

铲斗三十阶位移图

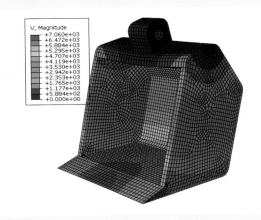

铲斗速度图

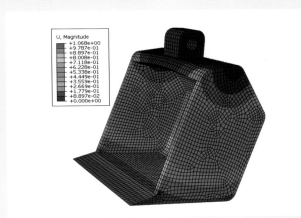

铲斗位移图

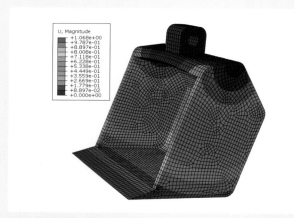

⌐ 铲斗应力图

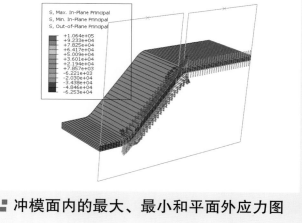

⌐ 冲模面内的最大、最小和平面外应力图

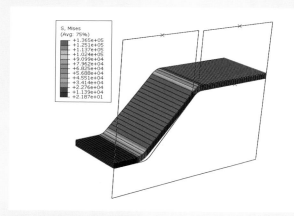

⌐ 冲模应力三维图

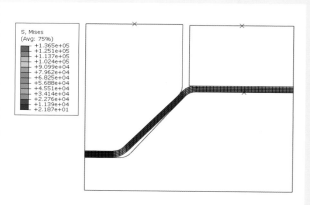

⌐ 冲模应力图

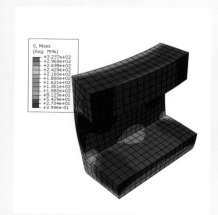

⌐ 铁轨的热应力图

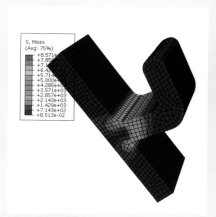

⌐ 挂钩应力图

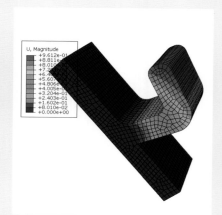

⌐ 挂钩位移图

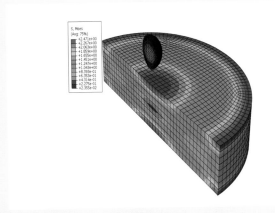

◰ 钢球撞击钢板应力图

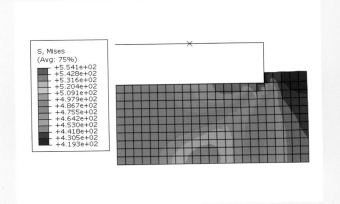

◰ 橡胶垫片应力图

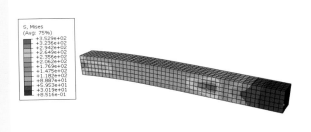

◰ 悬臂梁应力图

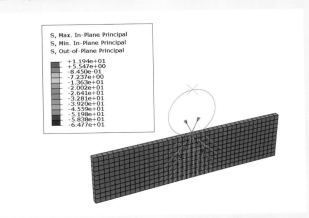

◰ 圆盘与平板模型的最大、最小和平面外
应力图

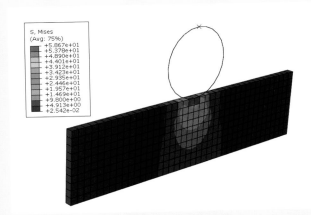

◰ 圆盘与平板模型的应力三维图

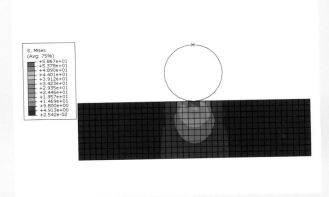

◰ 圆盘与平板模型的应力图

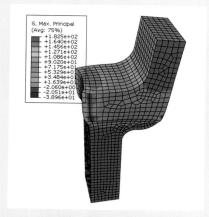

Y 型支架最大主应力图

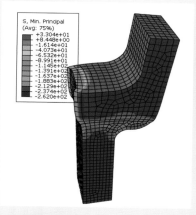

Y 型支架最小主应力图

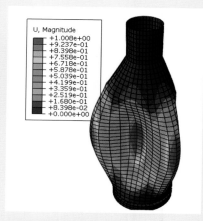

弹壳六阶位移图

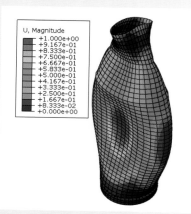

弹壳四阶位移图

弹壳位移图

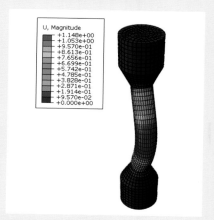

圆棒位移图

螺旋桨集中力和力矩的
云纹图

螺旋桨叶片的位移图

螺旋桨叶片

清华社"视频大讲堂"大系

CAD/CAM/CAE技术视频大讲堂

ABAQUS 2022 中文版有限元分析从入门到精通

CAD/CAM/CAE 技术联盟　编著

清华大学出版社

北　京

内 容 简 介

本书以有限元软件 ABAQUS 2022 为对象，系统地介绍了 ABAQUS 2022 的各种基本功能。全书分为 11 章，主要从线性结构静力问题、接触问题、材料非线性问题、结构模态问题、显式非线性问题、热应力问题、多体系统问题、多步骤问题及子程序开发 9 个方面系统地讲解了 ABAQUS 2022 的基本功能和简单建模与仿真实例。

本书内容从实用出发，侧重于 ABAQUS 的实际操作和工程问题的解决。书中对重点问题及需要注意的方面均给出了提示，有利于初学者快速掌握 ABAQUS 的基本操作。

另外，本书还配备了极为丰富的学习资源，具体内容如下。

1. 51 集本书实例的同步教学视频，让读者像看电影一样轻松学习，然后对照书中实例进行练习。

2. 15 个综合实战案例（涵盖 Ansys、Patran 和 Nastran）的精讲视频，可以增强实战、拓展视野。

3. 所有实例的源文件和素材，均可在按照书中实例操作时直接调用。

本书适合入门级读者学习使用，也适合有一定基础的读者作为参考用书，还可用作职业培训、职业教育的教材。

图书在版编目（CIP）数据

ABAQUS 2022 中文版有限元分析从入门到精通 / CAD/CAM/CAE 技术联盟编著. —北京：清华大学出版社，2023.7（2024.4 重印）

（清华社"视频大讲堂"大系 CAD/CAM/CAE 技术视频大讲堂）

ISBN 978-7-302-64261-9

Ⅰ．①A… Ⅱ．①C… Ⅲ．①有限元分析—应用软件 Ⅳ．①O241.82-39

中国国家版本馆 CIP 数据核字（2023）第 138655 号

责任编辑：贾小红
封面设计：鑫途文化
版式设计：文森时代
责任校对：马军令
责任印制：沈　露

出版发行：清华大学出版社
　　　　网　　　址：https://www.tup.com.cn，https://www.wqxuetang.com
　　　　地　　　址：北京清华大学学研大厦 A 座　　　　邮　　编：100084
　　　　社 总 机：010-83470000　　　　邮　　购：010-62786544
　　　　投稿与读者服务：010-62776969，c-service@tup.tsinghua.edu.cn
　　　　质量反馈：010-62772015，zhiliang@tup.tsinghua.edu.cn
印 装 者：大厂回族自治县彩虹印刷有限公司
经　　销：全国新华书店
开　　本：203mm×260mm　　印　张：17　　插　页：2　　字　数：501 千字
版　　次：2023 年 8 月第 1 版　　　　印　次：2024 年 4 月第 2 次印刷
定　　价：79.80 元

产品编号：100132-01

前 言

ABAQUS 是达索系统公司旗下的一款有限元分析软件，该软件用于解决复杂和深入的工程问题。其强大的非线性分析功能在设计和研究的高端用户群中得到了广泛的认可，被普遍认为是功能最强的有限元软件，可以分析复杂的固体力学、结构力学系统，特别是能够驾驭非常庞大复杂的问题和模拟高度非线性问题。它有两个主求解器模块——ABAQUS/Standard 和 ABAQUS/Explicit。ABAQUS 软件的求解器是智能化的求解器，可以解决其他软件不收敛的非线性问题；而对于其他软件也能收敛的非线性问题，ABAQUS 软件的计算收敛速度较快，并且更加容易操作和使用。ABAQUS 软件在求解非线性问题时具有非常明显的优势，其非线性涵盖材料非线性、几何非线性和状态非线性等多个方面。ABAQUS 不但可以做单一零件的力学和多物理场的分析，同时还可以做系统级的分析和研究。ABAQUS 系统级分析的特点相对于其他的分析软件来说是独一无二的。由于 ABAQUS 优秀的分析能力和模拟复杂系统的可靠性，因此其在各国的工业和研究中被广泛地采用。

ABAQUS 作为通用的模拟工具，除了能够解决大量结构（应力/位移）问题，还可以模拟其他工程领域的许多问题，如热传导、质量扩散、热电耦合分析、振动与声学分析、岩土力学分析（流体渗透/应力耦合分析）及压电介质分析。ABAQUS 为用户提供了丰富的功能，且使用起来非常简单，大量的复杂问题可以通过选项块的不同组合很容易地模拟出来。在大部分模拟中，甚至是高度非线性问题，用户只需提供一些工程数据即可，如结构的几何形状、材料性质、边界条件及载荷工况。在一个非线性分析中，ABAQUS 能自动选择相应载荷增量和收敛限度。它不仅能够选择合适的参数，而且能连续调节参数以保证在分析过程中有效地得到精确解。因此，用户通过准确地定义参数就能很好地控制数值计算结果。

一、编写目的

鉴于 ABAQUS 的强大功能，我们力图编写一本着重介绍 ABAQUS 实际工程应用的书籍。不求事无巨细地将 ABAQUS 知识点全面讲解清楚，而是针对工程需要，利用 ABAQUS 整体知识脉络作为线索，以实例作为"抓手"，帮助读者掌握利用 ABAQUS 进行工程分析的基本技能和技巧。

二、本书内容及特点

本书以有限元软件 ABAQUS 2022 为对象，系统地介绍了 ABAQUS 2022 的各种基本功能。全书分为 11 章，主要从线性结构静力问题、接触问题、材料非线性问题、结构模态问题、显式非线性问题、热应力问题、多体系统问题、多步骤问题及子程序开发共 9 个方面出发，讲解 ABAQUS 2022 的基本功能和简单建模与仿真实例。

书中内容从实用出发，侧重于 ABAQUS 的实际操作和工程问题的解决，且在书中对重点问题及需要注意的方面均给出了提示，有利于初学者快速掌握 ABAQUS 的基本操作。

Note

三、本书的配套资源

1．51 集同步教学视频

针对本书实例，专门配套了 51 集同步教学视频，读者可以扫码看视频，像看电影一样轻松愉悦地学习本书内容，然后对照课本加以实践和练习，可以大大提高学习效率。

2．15 个综合实战案例精讲视频

为了帮助读者拓展视野，配套资源中额外赠送了 15 个有限元分析综合实战案例（涵盖 Ansys、Patran 和 Nastran）及其配套的源文件和精讲视频，学习时长达 200 分钟。

3．全书实例的源文件和素材

配套资源中包含本书附带的很多实例和练习实例的源文件和素材，读者可以安装 ABAQUS 2022 软件，打开并使用。

四、关于本书的服务

1．ABAQUS 2022 安装软件的获取

按照本书中的实例进行操作练习，需要事先在计算机上安装 ABAQUS 2022 软件。安装 ABAQUS 2022 软件可以登录 http://www.abaqus.com 网站购买正版软件，或者使用其试用版。

2．关于本书的技术问题或有关本书信息的发布

读者朋友遇到有关本书的技术问题，可以扫描封底"文泉云盘"二维码查看是否已发布相关勘误/解疑文档，如果没有，可在下方寻找作者联系方式，或点击"读者反馈"留下问题，我们会尽快回复。

3．关于手机在线学习

扫描书中二维码，可在手机中观看对应教学视频，以充分利用碎片化时间，随时随地学习。需要强调的是，书中给出的只是实例的重点步骤，实例详细操作过程还需通过视频来仔细领会。

文泉云盘

五、关于作者

本书由 CAD/CAM/CAE 技术联盟组织编写，胡仁喜、刘昌丽、解江坤参与了具体的编写工作。CAD/CAM/CAE 技术联盟是一个 CAD/CAM/CAE 技术研讨、工程开发、培训咨询和图书创作的工程技术人员协作联盟，包含 20 多位专职和众多兼职 CAD/CAM/CAE 工程技术专家。其创作的很多教材成为国内具有引导性的旗帜作品，在国内相关专业方向图书创作领域具有举足轻重的地位。

六、致谢

在本书的写作过程中，策划编辑贾小红和艾子琪女士给予了很大的帮助和支持，提出了很多中肯的建议，在此表示感谢。同时，还要感谢清华大学出版社的所有编审人员为本书的出版所付出的辛勤劳动。本书的成功出版是大家共同努力的结果，谢谢所有给予支持和帮助的人们。

编　者

目 录

Contents

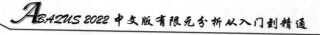

ABAQUS 2022 概述

　　ABAQUS 是一款基于有限元方法的工程分析软件，它既可以完成简单的有限元分析，也可以用来模拟非常庞大复杂的模型，解决工程实际中大型模型的高度非线性问题。本章将简要介绍 ABAQUS 的使用环境、软件发展历程、文件系统以及 ABAQUS 2022 的新功能。

　　通过本章的学习，使读者了解利用 ABAQUS 软件进行有限元分析的一般步骤和其特有的模块化的处理方式。

- ☑ 了解 ABAQUS。
- ☑ 掌握 ABAQUS 主要模块及新功能。

任务驱动&项目案例

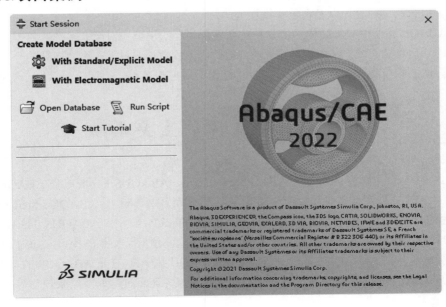

1.1　ABAQUS 总体介绍

ABAQUS 是国际上最先进的大型通用非线性有限元软件之一，它由世界知名的有限元分析软件公司 HKS（2005 年被达索系统公司收购）于 1978 年推出。ABAQUS 以其杰出的复杂工程力学问题的分析能力、庞大求解规模的驾驭能力以及高度非线性问题的求解能力享誉业界，在许多国家都得到了广泛的应用，涉及机械、土木、水利、航空航天、船舶、电器、汽车等各个工程领域。一直以来，ABAQUS 能够根据用户反馈的信息不断解决新的技术难题并及时进行软件更新，使其逐步完善。我国的 ABAQUS 用户量也迅速增长，使得 ABAQUS 在大量高科技产品的研发中发挥了巨大的作用。

ABAQUS 作为被广泛认可的、功能最强的非线性有限元分析软件之一，不但可以用于单一零件的力学和多物理场的分析，如静态和准静态的分析、模态分析、瞬态分析、弹塑性分析、接触分析、碰撞和冲击分析、爆炸分析、断裂分析、屈服分析、疲劳和耐久性分析等结构和热分析，而且还可以进行流固耦合分析、压电和热电耦合分析、声场和声固耦合分析、热固耦合分析、质量扩散分析等，同时其还能够进行系统级的分析和研究，特别是能够出色地实现极其复杂、庞大的系统性问题和高度非线性问题的模拟仿真和计算。

ABAQUS 单元库包含诸多类型的单元，可以用来模拟各种复杂的几何形状；同时 ABAQUS 还拥有非常丰富的本构模型库，可用来模拟绝大多数常见的工程材料，如金属、聚合物、复合材料、橡胶、可压缩的弹性泡沫、钢筋混凝土以及各种地质材料等。此外，ABAQUS 还具有强大的二次开发功能，该功能包括用户子程序和 ABAQUS 脚本接口。用户子程序（user subroutines）使用 Fortran 语言进行开发，主要供用户自定义本构关系、自定义单元等，常用的用户子程序包括(V)UMAT、(V)UEL、(V)DLOAD 等；ABAQUS 脚本接口（ABAQUS scripting interface）是在 Python 语言的基础上进行自定义开发，它扩充了 Python 语言的数据类型和对象类型，使得脚本功能更加强大，一般情况下脚本语言的开发多用于前、后处理以及自定义模块等。

此外，ABAQUS 使用非常简便，很容易建立复杂问题的模型。对于大多数数值模拟，用户只需要提供结构的几何形状、边界条件、材料性质、载荷等工程数据；对于非线性问题的分析，ABAQUS 能自动选择合适的载荷增量和收敛准则，在分析过程中对这些参数进行调整，以保证结果的精确性。

1.2　ABAQUS 的主要模块

ABAQUS 的 3 个主要模块分别为 ABAQUS/Standard、ABAQUS/Explicit 和 ABAQUS/CFD，即 ABAQUS 的隐式计算模块、显式计算模块和流固耦合计算模块。其中，ABAQUS/Standard 还附带了 3 个特殊用途的分析模块，分别为 ABAQUS/Aqua、ABAQUS/Design 和 ABAQUS/Foundation。另外，ABAQUS 与其他工程软件还有非常好的兼容性，为其他软件预留了交互的接口，如为 MOLDFLOW 和 ADAMS 提供了接口。ABAQUS 的前处理模块为 ABAQUS/CAE，它是 ABAQUS 的集成工作环境，其功能包括了 ABAQUS 的模型建立、交互式提交作业、监控运算过程以及结果评估等。

本书将重点介绍 ABAQUS/Standard 和 ABAQUS/Explicit 的具体运用，有特殊需求的用户可参阅 "ABAQUS/CAE User's Manual"等帮助文档。

1. ABAQUS/CAE

ABAQUS/CAE（Complete ABAQUS Environment）是 ABAQUS 的集成工作环境，具有强大的前处理功能，它可以为各种复杂外形的几何体划分高质量的有限元网格，还可以便捷地生成或者输入分析模型的几何形状，为部件定义材料特性、载荷、边界条件等参数。在完成建模后，还可以提交、监视和控制分析作业，最后通过"可视化"模块来显示得到的结果。

ABAQUS/CAE 的功能虽然十分强大，但是目前为止还不能支持所有的关键字（Keyword），如在 ABAQUS/CAE 中不能建立基于节点集的面，这个功能需要通过修改 inp 文件的关键字才能实现。

2. ABAQUS/Standard

ABAQUS/Standard 是一个通用的分析模块，能够求解广泛领域的线性和非线性问题，包括静态分析、动力学分析、结构的热响应分析以及其他复杂非线性耦合物理场的分析。

ABAQUS/Standard 为用户提供了动态载荷平衡的并行稀疏矩阵求解器、基于域分解并行迭代求解器和并行的 Lanczos 特征值求解器，可以对包含各种大规模计算的问题进行非常可靠的求解，并进行一般过程分析和线性摄动过程分析。

3. ABAQUS/Explicit

ABAQUS/Explicit 为显式分析求解器，利用对时间的显式积分求解动态问题的有限元方程。适用于分析冲击和爆炸等短暂、瞬时的动态事件，以及求解冲击和其他高度不连续问题等。

ABAQUS/Explicit 拥有广泛的单元类型和材料模型，但是它的单元库是 ABAQUS/Standard 单元库的子集。它提供的基于域分解的并行计算仅可进行一般过程分析。此外，需要注意的是，ABAQUS/Explicit 不但支持应力/位移分析，而且支持耦合的瞬态温度/位移分析、声固耦合的分析。

ABAQUS/Explicit 和 ABAQUS/Standard 具有各自的适用范围，它们互相配合可以使 ABAQUS 更加灵活和强大。有些工程问题需要二者的结合使用，以一种求解器开始分析，分析结束后将结果作为初始条件与另一种求解器继续进行分析，从而结合显式和隐式求解技术的优点。

4. ABAQUS/CFD

ABAQUS/CFD 是 ABAQUS 的流体仿真模块，该模块使得 ABAQUS 能够模拟层流、湍流等流体问题以及自然对流、热传导等流体传热问题。该模块的增加使得流体材料特性、流体边界、载荷以及流体网格等流体相关的前处理定义都可以在 ABAQUS/CAE 里完成，同时还可以由 ABAQUS 输出等值面、流速矢量图等多种流体相关后处理结果。ABAQUS/CFD 使得 ABAQUS 在处理流固耦合问题时的表现更为优秀，配合使用 ABAQUS/Explicit 和 ABAQUS/Standard，使得 ABAQUS 更加灵活和强大。

5. ABAQUS/Design

ABAQUS/Design 扩展了 ABAQUS 在设计灵敏度分析（design sensibility analysis，DSA）中的应用。设计灵敏度分析可用于预测设计参数变化对结构响应的影响。它是一套可选择模块，可以附加到 ABAQUS/Standard 模块中。本书将不介绍该模块。

6. ABAQUS/View

ABAQUS/View 是 ABAQUS/CAE 的子模块，后处理功能中的可视化模块就包含在其中。

7. ABAQUS/Aqua

ABAQUS/Aqua 也是 ABAQUS/Standard 的附加模块，它主要用于海洋工程，可以模拟近海结构，也可以进行海上石油平台导管和立架的分析、基座弯曲的计算、漂浮结构的研究以及管道的受拉模拟。它的其他一些功能包括模拟稳定水流和波浪，以及对受浮力和自由水面上受风载的结构进行分析。本书将不介绍该模块。

8. ABAQUS/Foundation

ABAQUS/Foundation 是 ABAQUS/Standard 的一部分，它可以更经济地使用 ABAQUS/Standard 的线性静态和动态分析。本书将不介绍该模块。

9. MOLDFLOW 接口

ABAQUS 的 MOLDFLOW 接口是 ABAQUS/Explicit 和 ABAQUS/Standard 的交互产品，使用户可以配合使用注塑成型软件 MOLDFLOW 与 ABAQUS，同时可以将 MOLDFLOW 分析软件中的有限元模型信息转换成 INP 文件的组成部分。本书将不介绍该接口。

10. MSC.ADAMS 接口

ABAQUS 的 MSC.ADAMS 接口是基于 ADAMS/Flex 的子模态综合格式，它是 ABAQUS/Standard 的交互产品，使用户能够将 ABAQUS 同机械系统动力学仿真软件 ADAMS 配合使用，可将 ABAQUS 中的有限元模型作为柔性部分输入 ADAMS 系列产品中。

1.3　ABAQUS 的文件类型

ABAQUS 在实际的工程计算中生成的文件类型很多，主要包括以下几种。

1. abaqus.rpy 文件

RPY（Replay）文件记录一次操作中几乎所有的 ABAQUS/CAE 命令，通过 RPY 文件可以很方便地改写为基于 Python 语言的脚本文件，方便进行参数化建模以及二次开发。

2. model_database_name.cae 文件

CAE 文件主要包含模型的各种建模信息、分析任务等。

3. model_database_name.jnl 文件

JNL（Journal）文件是日志文件，其主要包含用于复制已存储模型数据库的 ABAQUS/CAE 命令。

4. model_database_name.rec 文件

REC（Record）文件主要包含了用于恢复内存中模型数据库的 ABAQUS/CAE 命令。

5. job_name.inp 文件

INP（Input）文件为 ABAQUS/CAE 模块生成的输入文件，其包含整个分析所需的所有信息，包括模型数据、边界条件等，最终用于提交给求解器进行计算。

6．job_name.odb 文件

ODB（Output Database）文件是结果数据库输出文件，包含了模型计算结果的各种数据。

7．ob_name.lck 文件

LCK（Lock）文件用于阻止并发写入输出数据库，关闭输出数据库则自行删除，起到保护数据库不被误删的作用。

8．job_name.res 文件

RES（Restart）文件用于模拟计算的重启动。

9．job_name.dat 文件

DAT（Data）文件为数据文件，其采用文本方式输出计算过程中的各种信息。

10．job_name.msg 文件

MSG（Message）文件包含计算过程中的诊断信息，方便计算失败时查错。

11．job_name.sta 文件

STA（Status）文件是状态文件，包含了分析过程的各种状态信息。

1.4　ABAQUS 使用环境

ABAQUS/CAE 是 ABAQUS 的前处理模块，它为建立 ABAQUS 模型、生成 INP 文件、交互式提交作业、监控和评估 ABAQUS 运行结果提供了一个方便快捷的界面。

ABAQUS/CAE 可以分成若干个模块，每个模块定义了模拟过程中的一个逻辑步骤，如生成部件、定义材料属性、定义装配体、定义载荷以及边界条件、定义模拟时间步、几何实体的网格划分等。模块之间没有严格的先后顺序，在完成一个模块的操作后，可以进入下一个模块，逐步建立分析模型。在使用 ABAQUS/CAE 建立模型之后会生成输入文件，即 INP 文件。INP 文件由 ABAQUS 的求解器（如 ABAQUS/Standard 或 ABAQUS/Explicit）读入后进行分析，并实时地将信息反馈给 ABAQUS/CAE，以对作业进程进行监控，并生成输出数据库。最后，用户可通过 ABAQUS/CAE 的可视化模块读入输出的数据库，进一步观察分析的结果。

下面将简要地介绍 ABAQUS 的使用环境。

1.4.1　启动 ABAQUS/CAE

1．快速启动

在 Windows 系统中执行"开始"命令，在程序列表中展开"Dassault Systemes SIMULIA Established Products 2022"文件，单击其中的"Abaqus CAE"选项，如图 1-1 所示，启动 ABAQUS/CAE。

2．在操作系统中启动

在 Windows 系统中执行"开始"命令，在程序列表中展开"Windows 系统"文件，单击其中的"运行"选项，如图 1-2 所示，打开"运行"对话框，在"打开"后面的文本框中输入"abaqus cae"，单击"确定"按钮，如图 1-3 所示，启动 ABAQUS/CAE。

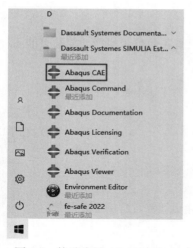

图 1-1 快速启动 ABAQUS/CAE

图 1-2 操作系统启动 ABAQUS/CAE

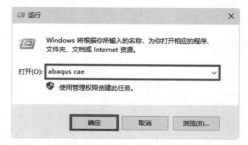

图 1-3 "运行"对话框

这两种方式都可以启动 ABAQUS/CAE。其中通过操作系统启动时，输入的"abaqus cae"是运行 ABAQUS/CAE 的 DOS 命令，不同的操作系统可能会有所不同。当 ABAQUS/CAE 启动以后，会弹出 Start Session（开始任务）对话框，如图 1-4 所示，同时弹出 ABAQUS/CAE 的主窗口画面，如图 1-5 所示。

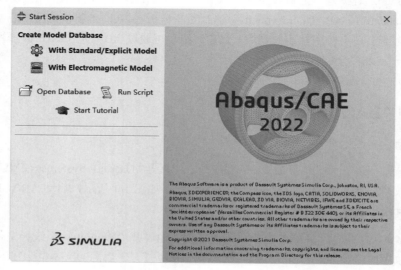

图 1-4 Start Session 对话框

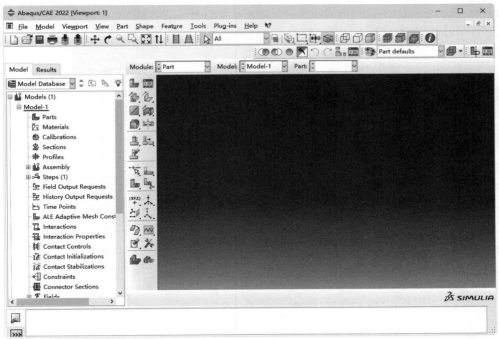

图 1-5　主窗口画面

1.4.2　ABAQUS 的汉化

　　ABAQUS 安装完成后，第一次打开的 ABAQUS/CAE 的 Start Session（开始任务）对话框和主窗口画面为英文，但是可以将英文改为中文，因为 ABAQUS 本身内置有中文语言，汉化的具体操作如下。

　　（1）打开 Abaqus CAE 所在位置。在 Windows 系统中执行"开始"命令，在程序列表中展开"Dassault Systemes SIMULIA Established Products 2022"文件，右击其中的"Abaqus CAE"选项，在打开的快捷菜单中选择"更多"下一级菜单中的"打开文件位置"选项，如图 1-6 所示。

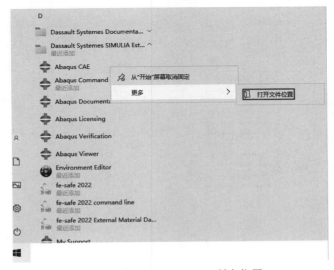

图 1-6　打开 Abaqus CAE 所在位置

Note

（2）打开 Abaqus CAE 快捷方式所在位置。在打开的对话框中右击"Abaqus CAE"快捷方式，然后在打开的快捷菜单中选择"打开文件所在的位置"选项，如图 1-7 所示。

图 1-7　打开 Abaqus CAE 快捷方式所在位置

（3）打开 locale 文件。打开 Abaqus CAE 快捷方式所在位置后，进入这个路径中的 win_b64 文件夹，如图 1-8 所示，在该文件夹中打开 SMA 文件夹 Configuration 文件夹中的 locale 文件，在"# This section describes whether the local language and encoding"上一行添写"Chinese (Simplified)_China.936 = zh_CN"，并把下面的 zh_CN = 0 改为 zh_CN = 1，如图 1-9 所示，然后保存并关闭该文件。

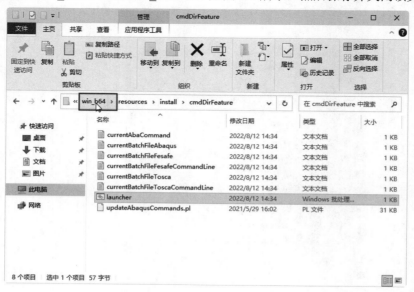

图 1-8　打开 win_b64 文件夹

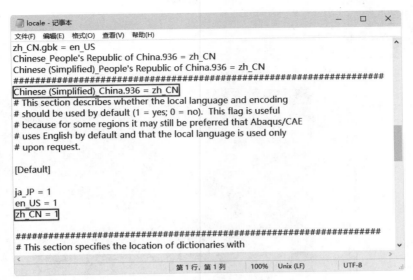

图 1-9　修改 locale 文件

（4）再次启动 ABAQUS/CAE，会弹出中文版的"开始任务"对话框，如图 1-10 所示。

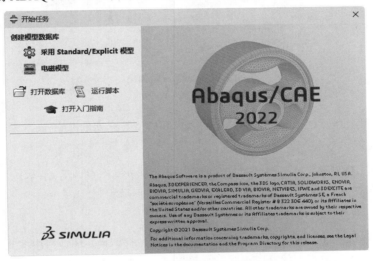

图 1-10　"开始任务"对话框

下面介绍"开始任务"对话框中的选项。

- ☑ 　创建模型数据库：创建一个新的分析过程，用户可根据自己的实际需要建立"Standard/Explicit 模型"或者"电磁模型"。
- ☑ 　打开数据库：打开一个已有的模型或数据库文件。
- ☑ 　运行脚本：运行一个脚本文件。
- ☑ 　打开入门指南：单击该选项后将打开 ABAQUS 2022 的在线帮助文档。

1.4.3　ABAQUS 的主窗口

图 1-11 展示了主窗口的各个组成部分，用户可以通过主窗口与 ABAQUS/CAE 进行交互。

Note

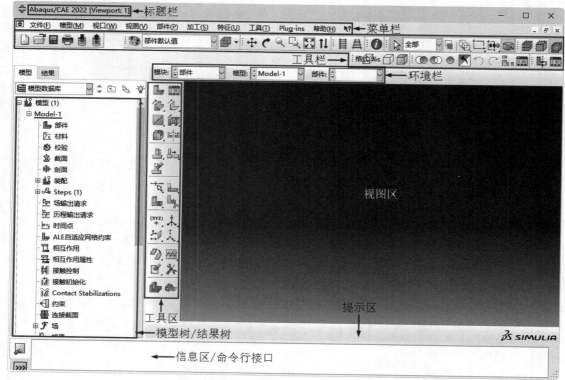

图 1-11 主要窗口画面

1. 标题栏

标题栏显示了当前运行的 ABAQUS/CAE 的版本和模型数据库的名字。

2. 菜单栏

通过菜单栏可以看到所有可用的菜单，用户可以通过菜单操作来调用 ABAQUS/CAE 的各种功能。在环境栏中选择不同的模块时，菜单栏中显示的菜单也会不尽相同。

3. 环境栏

用户可以通过环境栏的"模块"列表在各个模块之间进行切换。环境栏中的其他项是当前操作模块的相关功能。用户在创建模型的几何形状时，可以通过环境栏提取出一个已经存在的部件。

4. 工具栏

工具栏给用户提供了部分菜单功能的快捷方式，这些功能也可以通过菜单进行访问。

5. 模型树/结果树

模型树/结果树直观地显示出了各个组成部分，如部件、材料、装配、边界条件和结果输出要求等。使用模型树可以很方便地在各个模块之间进行切换，实现菜单栏和工具栏所提供的大部分功能。

6. 提示区

用户在 ABAQUS/CAE 中进行的各种操作都会在提示区得到相应的提示。如当在视图区画一个圆弧时，提示区会提示用户输入相应的点信息。

7．命令行接口

ABAQUS/CAE 利用内置的 Python 编译器，再使用信息区/命令行接口输入 Python 命令和数学表达式。接口中包含了主要（>>>）和次要（…）提示符，随时提示用户按照 Python 的语法输入命令行。

8．视图区

ABAQUS/CAE 在画布上的视图区显示用户的模型。可以把画布比作一个无限大的屏幕，用户在其上摆放视图区。

9．工具区

当用户进入某一模块时，工具区会显示该模块相应的工具箱，使用户可以方便地调用该模块的许多功能。

10．信息区

ABAQUS/CAE 在信息区显示状态信息和警告。通过拖动其顶边可以改变信息区的大小，利用鼠标滚轮可以滚动查阅信息。在默认状态下显示信息区，这里同时也是命令行接口的位置，用户可以通过其左侧的"信息区"按钮和"命令行接口"按钮进行切换。

1.4.4　ABAQUS/CAE 模块

ABAQUS/CAE 具有一系列的模块，每一个模块都只包含与模拟的某一指令部分相关的一些工具。例如，材料属性模块只包含部件的材料属性信息，而网格（Mesh）模块则包含了生成有限元网格所需的一系列工具。

如图 1-12 所示，列表中的模块次序与创建一个分析模型的逻辑次序是一致的。从环境栏中的"模块"列表中选择相应选项可以进入所需的模块。

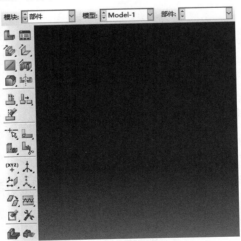

图 1-12　选择相关模块

例如，在生成装配件前必须先生成部件。同时，ABAQUS/CAE 也允许用户在任何时刻选择任意一个模块进行工作，而无须关注模型的当前状态。然而，这种操作会受到一些限制，例如，在未建立具体的时间分析步之前就无法进行接触建模。

下面列出了 ABAQUS/CAE 的各个模块，并简要介绍了其功能。

1．部件模块

部件模块能够创建一个或多个单独的部件，用户可以在 ABAQUS/CAE 环境中使用各种图形工具直接生成所需部件，也可以利用 ABAQUS 提供的相关接口，导入由第三方图形软件生成的部件。

2．材料属性模块

材料属性模块定义了整个部件中的任意一个部分的特征，如与该部分有关的材料性质、截面几何形状等数据的定义，包含在部件的截面定义中。

3．装配模块

基于部件模块生成的部件信息，装配模块可以将这些部件实例化，将存在于自己的局部坐标系中的部件定位到一个总体的坐标系中，最终构成一个装配件。需要注意的是，一个 ABAQUS/CAE 模型可以有非常多的部件模型，但是只能有一个装配件模型。

4．分析步模块

用户可以根据需要在分析步模块定义分析步，如冲击问题采用显式分析步（explicit step）等。同时可以根据实际情况，在分析步之间定义相关的输出变量。

5．相互作用模块

在该模块中，可指定模型各区域之间或者模型的一个区域与周围环境之间的相互作用，如两个物体之间的相互接触、传热等。同时还可以定义其他的可相互作用，如刚体约束、绑定（tie）等。

6．载荷模块

在载荷模块中定义载荷、边界条件和场变量。边界条件和载荷与上述分析步有关，即用户必须指定载荷和边界条件在哪些分析步骤中起作用。某些场变量仅仅作用于分析的初始阶段，如初始温度场的定义，而其他的场变量与具体的分析步有关。

7．网格模块

用户利用网格模块提供的多种自动划分和控制工具，可以生成满足自己需要的网格。

8．作业模块

建模完成后，用户就可以在作业模块建立相关计算任务，生成计算所需输入文件并提交运算，直至完成整个模拟。该模块允许用户交互地提交分析作业并进行监控，也允许同时提交多个模型和运算并对其进行监控。

9．可视化模块

可视化模块是 ABAQUS 的后处理模块，它从数据库中获得模型和结果信息，为用户提供了有限元模型和分析结果的图像显示。

10．草图模块

草图模块是二维轮廓图，用来帮助形成几何形状，定义 ABAQUS/CAE 可以识别的部件。

1.4.5　设置背景颜色

初始状态的 ABAQUS/CAE 的背景颜色是深色的，如图 1-11 所示，用户可以通过修改将背景颜色设置为自己喜欢的颜色，具体操作如下。

（1）单击"视图"菜单栏中的"图形选项"按钮，打开"图形选项"对话框，在"视口背景"

栏中选中"实体"单选按钮，然后单击后面的颜色选择框，如图 1-13 所示。

（2）打开"选择颜色"对话框，在该对话框中选择喜欢的颜色（如白色等），也可以通过"色轮""RGB""HSV""CMY""列表"等调色工具，调出自己喜欢的颜色，如图 1-14 所示，然后单击"确定"按钮 确定，返回"图形选项"对话框，再次单击"确定"按钮，完成背景颜色的设置，结果如图 1-15 所示。

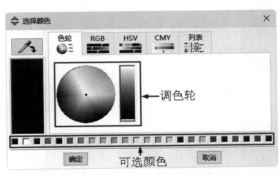

图 1-13　"图形选项"对话框 　　　　　　图 1-14　"选择颜色"对话框

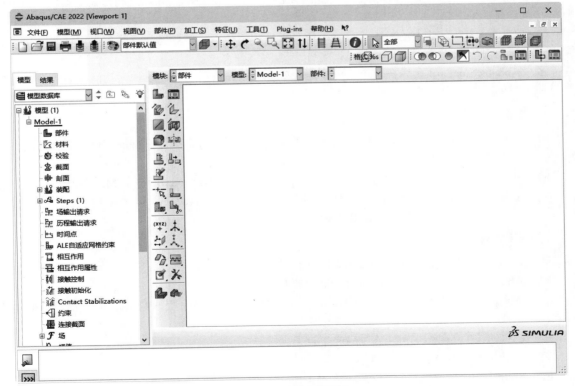

图 1-15　设置背景颜色

1.5 ABAQUS 2022 新功能

从 ABAQUS 诞生以来，已经发布了很多版本。最新的 ABAQUS 2022 同样也是一个非常重要的版本，推出了众多新功能，同时也改进了旧版本中的很多功能，主要体现在以下几方面。

1．结构力学

☑ Abaqus/Explicit 中的变形控制现在可用于 C3D10 元素。

☑ 分布操作可用于指定复合实体元素的层厚，并使用带有复合实体剖面定义的楔形（三角棱形）元素。

☑ 在 Abaqus/Standard 中提供了纤维增强复合材料的 LaRC05 损坏启动条件。

☑ Abaqus/Standard 和 Abaqus/Explicit 提供了适用于延展性金属的 Hosford-Coulomb 损坏启动条件。

☑ Abaqus/Explicit 中的有限带宽阻尼允许在指定的频率范围内应用所需的统一阻尼比率。

☑ Abaqus/Standard 中添加了用于分析橡胶类材料的 Valanis-Landel 超弹性材料模型。

2．分析技术

☑ 扩展的有限元方法（XFEM）添加了支持具有温度自由度的规程。

☑ 可以使用 Abaqus/Explicit 中的周期性对称分析技术来缩短仿真时间并减少内存要求。

☑ 导入功能已得到扩展，允许在 Abaqus/Standard 和 Abaqus/Explicit 之间传输节点温度和用户定义的场变量。

☑ Abaqus/Standard 中的隐式动态分析现在支持与拓扑、壳体厚度和点阵大小设计变量相关的伴随灵敏度。

☑ Abaqus/Standard 允许在一个作业中运行多个非线性载荷实例。这种新功能显著缩短了运行时间，并减少了输出文件的数量。

3．性能和 HPC

☑ Abaqus/Standard 中的迭代线性方程式解算器添加了支持常用建模特征，包括混合元素、接头元素、分布耦合和硬接触。

☑ 可以利用 MPI 与线程的组合在混合模式下执行 Abaqus/Explicit，每个 MPI 进程启动用户指定数量的线程。混合执行充分利用了非统一内存访问（NUMA）体系结构，以及每个插槽上的可用内核数量不断增加的技术趋势。

4．建模和可视化

☑ Abaqus/CAE 支持 Abaqus/Standard 中的小幅滑移式一般接触。

☑ Abaqus/CAE 在定义复合层厚度分布时支持分析场。

☑ Abaqus/CAE 现在提供了一种工具，可从 ODB 文件中移除所选数据，从而显著减小文件大小。

☑ CATIA V5 几何图形可以在 Linux 平台上直接导入。

☑ 对剪切流可视化的控制已得到改进。

☑ SolidWorks 装配体可以导入多个零件。

1.6　本 章 小 结

本章主要对 ABAQUS 进行了总体性的介绍。

（1）ABAQUS 功能十分强大，可以完成多种类型的分析，如静态应力/位移分析、动态应力/位移分析、非线性分析、热传导分析、退火成型过程分析、流固耦合分析、多场耦合分析、疲劳分析、水下冲击分析、瞬态温度/位移耦合分析、质量扩散分析等。

（2）ABAQUS 由多个模块组成，包括前处理模块（ABAQUS/CAE）、主求解器模块（ABAQUS/Standard、ABAQUS/Explicit 和 ABAQUS/CFD），以及 ABAQUS/Aqua、ABAQUS/Design、MOLDFLOW 接口等专用模块。

（3）ABAQUS/CAE 是 ABAQUS 的前处理模块，可以方便快捷地建立模型、输出 INP 文件、提交作业和后处理分析结果。

（4）ABAQUS/Standard 是一个通用分析模块，它使用的是隐式算法，能够求解各种复杂的非线性问题，如静态分析、动力模态分析、复杂多场的耦合分析等；ABAQUS/Explicit 可以进行显式动力学分析，它使用的是显式求解方法，适用于求解复杂非线性动力学问题和准静态问题，如冲击和爆炸等瞬态问题。

ABAQUS 的基本模块和操作方法

本章将详细介绍 ABAQUS 进行有限元分析的步骤及 ABAQUS/CAE 的各个模块，帮助读者掌握 ABAQUS/CAE 强大的建模和网格划分功能。

在应用 ABAQUS 进行有限元分析时，通常都要经历 3 个分析步，即前处理（ABAQUS/CAE）、分析计算（ABAQUS/Standard 或 ABAQUS/Explicit）及后处理（ABAQUS/View）。在 ABAQUS/CAE 中主要用到 10 个模块，分别是草图模块、部件模块、属性模块、装配模块、分析步模块、载荷模块、相互作用模块、网格模块、作业模块和可视化模块。

- ☑ 掌握 ABAQUS 进行有限元分析的步骤及各模块功能。
- ☑ 掌握 ABAQUS/CAE 强大的建模和网格划分功能。

任务驱动&项目案例

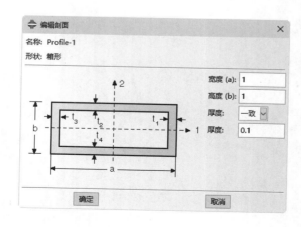

2.1　ABAQUS 分析步骤

前处理、分析计算和后处理是有限元分析的 3 个步骤。这 3 个步骤在 ABAQUS 中的实现方法介绍如下。

2.1.1　前处理（ABAQUS/CAE）

前处理阶段的中心任务是定义物理问题的模型，并生成相应的 ABAQUS 输入文件。ABAQUS/CAE 是完整的 ABAQUS 运行环境，可以生成 ABAQUS 的模型，使用交互式的界面提交和监控分析作业，最后显示分析结果。ABAQUS/CAE 分为若干个模块，每个模块都用于完成模拟过程中一个方面的工作，如定义几何形状、材料性质、载荷和边界条件等。建模完成之后，ABAQUS/CAE 可以生成 ABAQUS 输入文件，提交给 ABAQUS/Standard 或 ABAQUS/Explicit。

读者也可以使用其他的前处理器，如 MSC.PATRAN、Hypermesh 等来创建模型，但是 ABAQUS 的很多功能（如定义面、接触对、连接器等）只有 ABAQUS/CAE 才支持，因而建议读者使用 ABAQUS/CAE 作为前处理器。

2.1.2　分析计算（ABAQUS/Standard 或 ABAQUS/Explicit）

在这个阶段中，使用 ABAQUS/Standard 或者 ABAQUS/Explicit 求解输入文件中所定义的数值模型，计算过程通常在后台运行，分析结果以二进制的形式保存起来，以用于后处理过程。完成一个求解过程所花费的时间由问题的复杂程度和计算机的计算能力等因素决定。

2.1.3　后处理（ABAQUS/Viewer）

ABAQUS/CAE 的后处理部分又叫作 ABAQUS/Viewer，可以用来读入分析结果数据，以多种方法显示分析结果，包括动画、彩色云纹图、变形图和 XY 曲线图等。

2.2　ABAQUS/CAE 的模块

一般来说，首先在"部件"模块中创建部件（有时需要与"装配"模块配合使用），之后在"装配"模块中进行部件的装配。

ABAQUS 可以在装配件和分析步的基础上，在"相互作用"模块中定义相互作用、约束或连接器以及在"载荷"模块中定义载荷、边界条件、预定义场等，这两个模块通常没有先后顺序的要求。

在进入"相互作用"模块和"载荷"模块之前的任何时候，都可以在"分析步"模块中定义分析步和变量输出要求；在创建"部件"模块后，创建"作业"模块之前的任何时候，都可以进入"属性"模块进行材料和截面属性的设置。

如果在"装配"模块中创建的是非独立实体，则用户可以在创建"部件"模块后，创建"作业"模块之前的任何时候，在"网格"模块中对部件进行网格划分；如果在"装配"模块中创建的是独立实体，则用户可以在创建"装配"模块后，创建"作业"模块之前的任何时候，在"网格"模块中对装配件进行网格划分。

2.3　部件模块和草图模块

启动 ABAQUS，界面中出现 ABAQUS 的第一个模块——部件模块，部件模块提供了强大的建模功能，支持两种建模方式：在 ABAQUS/CAE 中直接建模和从其他软件中导入模型。

2.3.1　创建部件

执行菜单栏中的"部件"→"创建"命令，或者单击工具区（见图 2-1）中的"创建部件"按钮，将会打开"创建部件"对话框，如图 2-2 所示。

图 2-1　工具区　　　　　　图 2-2　"创建部件"对话框

在打开的"创建部件"对话框中，可以设置部件的"名称"和"大约尺寸"（其单位与模型的单位一致）选项，其默认值分别为"Part-n"（n 表示创建的第 n 个部件）和 200。其他选项均为单选按钮。

设置完成图 2-2 所示的对话框选项之后，单击"继续"按钮，进入绘制平面草图的界面，如图 2-3 所示。使用界面左侧工具区中的工具，可以画出点、线、面，作为构成部件的要素（此处不再详细介绍，具体操作读者可通过相关的例子掌握）。

部件创建完成后，单击工具区中的"部件管理器"按钮，打开"部件管理器"对话框，如图 2-4 所示，其中列出了模型中的所有部件，同时包括"创建""复制""重命名""删除""锁定""解锁""更新有效性""忽略无效性""关闭"按钮。

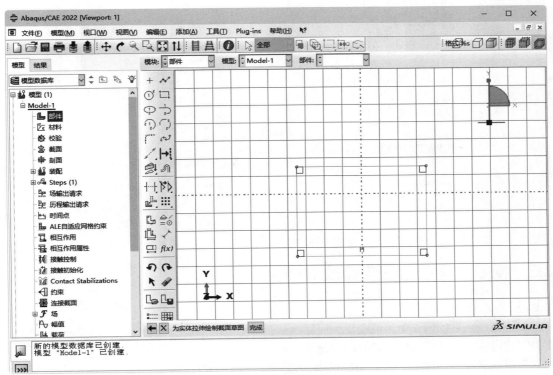

图 2-3　绘制平面草图的界面

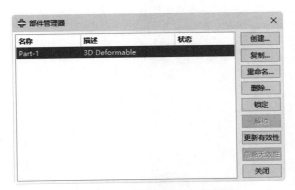

图 2-4　"部件管理器"对话框

2.3.2　部件的外导入

可以把建立好的模型导入 ABAQUS 中，导入分为以下两种情况。

☑　导入在其他 CAD 软件中建立的模型。

☑　导入 ABAQUS 建立后导出的模型。

ABAQUS 2022 提供了强大的接口，支持草图、部件、装配和模型的导入，模型导入菜单如图 2-5 所示。对于每种类型的导入，ABAQUS 2022 支持多种不同后缀名的文件，但导入的方法和步骤是类似的。另外，ABAQUS 还支持草图、部件、装配和 VRML（当前视图的模型导出成 VRML 文件）等的导出，如图 2-6 所示。

图 2-5　模型导入菜单

图 2-6　模型导出菜单

2.3.3　问题模型的修复与修改

1. 修复

有些模型在之后的操作中可能会遇到问题，这时需要仔细阅读警告提示的内容，然后进行修复或修改操作。

如果出现了警告，则需要对导入的模型进行修复。执行菜单栏中的"工具"→"几何编辑"命令，打开"几何编辑"对话框，如图 2-7 所示，在"类别"选项组中选择需要修复的区域，有 3 个选项可以选择，分别是"边""表面""部件"。

图 2-7　"几何编辑"对话框

💡 提示：几何修复结束后，可以查看模型，具体操作为执行菜单栏中的"工具"→"查询"命令或者单击工具栏中的"查询信息"按钮 ⓘ，打开"查询"对话框，如图 2-8 所示。

图 2-8　"查询"对话框

2. 修改

在创建或导入一个部件后，可以使用如图 2-9 所示的工具对此部件做一定的修改，实现添加或者切除模型的一部分，以及倒角等功能。

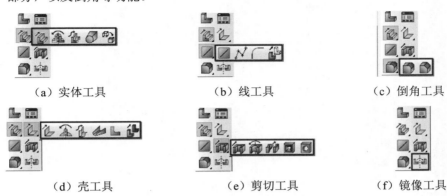

（a）实体工具　　　　（b）线工具　　　　（c）倒角工具

（d）壳工具　　　　　（e）剪切工具　　　　（f）镜像工具

图 2-9　修改工具

2.4　属 性 模 块

在环境栏中的"模块"列表中选择"属性"选项，即进入属性模块，在此模块中可以进行材料和截面特性的设置以及弹簧、阻尼器和实体表面壳的定义等。可以发现菜单栏有所变化，如图 2-10 所示，同时工具区转变成与设置材料和截面特性相对应的工具，如图 2-11 所示。

文件(F)　模型(M)　视口(W)　视图(V)　材料(E)　截面(S)　剖面(P)　复合(C)　指派(A)　特殊设置(L)　特征(U)　工具(T)　Plug-ins　帮助(H)　▶?

图 2-10　属性模块的菜单栏

图 2-11　属性模块的工具区

2.4.1　材料属性

执行菜单栏中的"材料"→"创建"命令，或单击工具区中的"创建材料"按钮，打开"编辑材料"对话框，如图 2-12 所示。

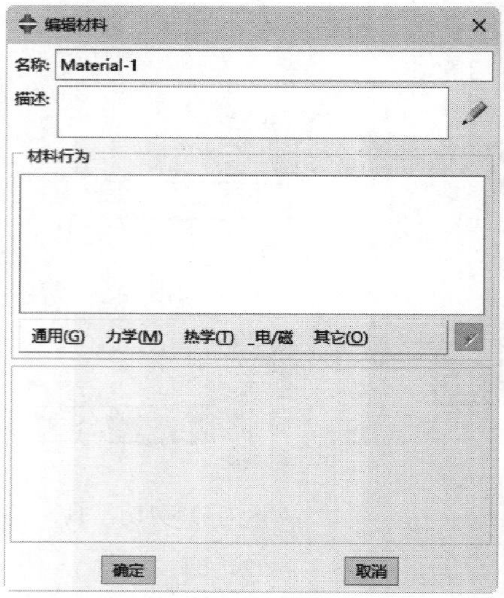

图 2-12　"编辑材料"对话框

该对话框包括如下 3 个部分。

☑　名称：用于为材料命名。

☑　描述：出现在材料行为的上方，在该区域内设置相应的材料参数值。

☑　材料行为：用于选择材料类型。

2.4.2　截面特性

ABAQUS/CAE 不能直接把材料属性赋予模型，而是先创建包含材料属性的截面特性，再将截面特性分配给模型的各区域。

1．创建截面特性

单击工具区中的"创建截面"按钮，打开如图 2-13 所示的"创建截面"对话框。该对话框包括两个部分。

☑　名称：定义截面的名称。

☑　类别和类型：共同决定截面的类型。

图 2-13　"创建截面"对话框

2．分配截面特性

创建了截面特性后，就要将它分配给模型。

首先，在环境栏的"部件"列表中选择要赋予截面特性的部件，如图 2-14 所示，然后单击工具区中的"指派截面"按钮 ，或执行菜单栏中的"指派"→"截面"命令，按提示在视图区选择要赋予此截面特性的部分，单击提示区中的"完成"按钮 ，打开"编辑截面指派"对话框，如图 2-15 所示。

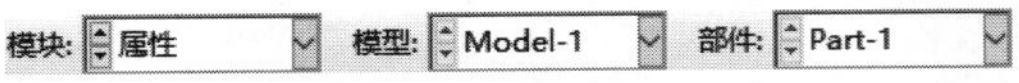

图 2-14　在环境栏的"部件"列表中选择部件　　　　图 2-15　"编辑截面指派"对话框

如果在准备分配截面特性时，发现需要单独分配截面特性的部分没有分离出来，可以在工具区中选用适当的分割工具进行部件的分割，如图 2-16 所示。

单击工具区中的"截面指派管理器"按钮 █，在打开的对话框中显示已分配的截面列表，如图 2-17 所示。

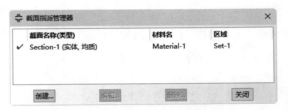

图 2-16　工具区中的分割工具　　　　图 2-17　"截面指派管理器"对话框

2.4.3　梁的界面特性

ABAQUS 还可以在属性模块中定义梁的截面特性、截面方向和切向方向。

1.　梁的截面特性

梁的截面特性的设置方法与其他截面类型有所差异，主要体现在以下两个方面。

- ☑　在创建梁的截面特性前，需要首先定义梁的横截面的形状和尺寸，单击工具区中的"创建剖面"按钮 ⊕，打开"创建剖面"对话框，如图 2-18 所示。以"箱形"为例，单击"继续"按钮，进入"编辑剖面"对话框，如图 2-19 所示。
- ☑　当选择在分析前提供截面特性时，材料属性在"编辑梁方向"对话框中被定义，如图 2-20 所示，不需要通过创建材料工具创建材料。

2.　梁的截面方向和切向方向

在分析前，还需要定义梁的截面方向，方法如下。

执行"指派"→"梁截面方向"命令，或单击工具区中的"指派梁方向"按钮 ，在视图区选择要定义截面方向的梁，单击鼠标中键，

图 2-18　"创建剖面"对话框

在提示区中输入梁截面的局部坐标的 1 方向，如图 2-21 所示，按 Enter 键，再单击提示区中的"确定"按钮 确定，完成梁截面方向的设置。

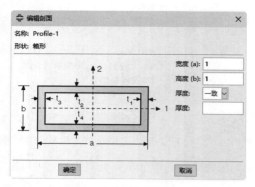

图 2-19　"编辑剖面"对话框

图 2-20　"编辑梁方向"对话框

图 2-21　输入梁截面的局部坐标的 1 方向

当部件由线组成时，ABAQUS 会为其指定默认的切向方向，但可以改变此默认的切向方向。

💡 提示：在菜单栏上执行"指派"→"单元切向"命令，或按住"指派梁方向"按钮 ，在展开的工具条中选择"指派梁/桁架切向"按钮 ，在视图区选择要改变切向方向的梁，单击提示区中的"完成"按钮 完成，梁的切向方向即变为反方向。此时，梁截面的局部坐标的 2 方向也变为反方向。

2.4.4　特殊设置

1. 惯量

用户可以定义各种惯量，执行"特殊设置"→"惯性"→"创建"命令，打开"创建惯量"对话框，如图 2-22 所示，在"名称"文本框中输入名称，在"类型"选项组中可以选择"点质量/惯性""非结构质量""热容"选项，单击"继续"按钮 继续...，在视图区选择对象进行相应惯量的设置。

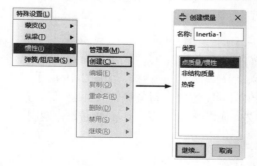

图 2-22　定义惯量

2. 蒙皮

在属性模块中，用户可以在实体模型的面或轴对称模型的边附上一层皮肤，适用于几何部件和网格部件。

💡 **提示**：蒙皮的材料可以不同于其下部件的材料。蒙皮的截面类型可以是均匀壳截面、膜、复合壳截面、表面和垫圈。执行"特殊设置"→"蒙皮"→"创建"命令创建蒙皮。

💡 **提示**：一般情况下，用户不方便直接从模型中选择蒙皮，这时可以使用集合工具，方法为执行"工具"→"集"→"创建"命令，在打开的"创建集"对话框中输入名称，如图 2-23 所示，单击"继续"按钮 继续 ，在视图区中选择蒙皮作为构成集合的元素，单击提示区中的"完成"按钮 完成 ，完成集合的定义。

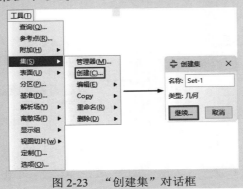

图 2-23　"创建集"对话框

　　单击工具栏中的"创建显示组"按钮 🖽，打开"创建显示组"对话框，在"项"选项组中选择"集"选项，在其右侧的区域内选择包含蒙皮的集合，如图 2-24 所示，单击对话框下端的"相交"按钮 ⊙，视图区即显示定义的蒙皮。

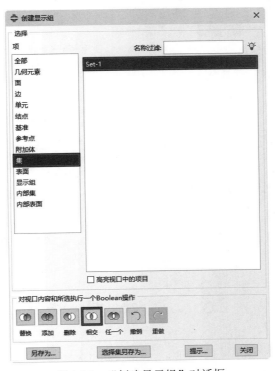

图 2-24　"创建显示组"对话框

对于实体和轴对称部件，在网格模块中对部件进行网格划分时，ABAQUS 会自动对位于表面的蒙皮划分对应的网格，而不用单独对蒙皮进行网格划分。

3. 弹簧/阻尼器

ABAQUS 可以定义各种惯量。执行"特殊设置"→"弹簧/阻尼器"→"创建"命令，打开"创建弹簧/阻尼器"对话框，如图 2-25 所示，在"名称"文本框中输入名称，在"连接类型"选项组中可以选择"连接两点"和"将点接地(Standard)"选项，后者仅适用于 ABAQUS/Standard。

图 2-25   "创建弹簧/阻尼器"对话框

单击"继续"按钮 继续...，在视图区选择对象进行相应的设置，单击提示区中的"完成"按钮 完成。用户可以在打开的"编辑弹簧/阻尼器"对话框中同时设置弹簧的刚度和阻尼器系数，如图 2-26 所示。

（a）连接两点   （b）将点接地

图 2-26   "编辑弹簧/阻尼器"对话框

2.5 装 配 模 块

在环境栏中的"模块"列表中选择"装配"选项，即进入装配模块。在部件模块中创建或导入部件时，整个过程都是在局部坐标系下进行的。对于由多个部件构成的物体，必须将其在统一的整体坐标系中进行装配，使之成为一个整体，这部分工作需要在装配模块中进行。

> **提示：** 一个模型只能包含一个装配体，一个装配体可以包含多个部件，一个部件也可以被多次调用来组装成装配件。即使装配件中只包含一个部件，也必须进行装配，定义载荷、边界条件、相互作用等操作都必须在装配件的基础上进行。

2.5.1 部件实体的创建

装配的第一步是选择装配的部件，创建部件实体。具体操作方法是执行"实例"→"创建"命令，或单击工具区中的"创建实例"按钮，打开"创建实例"对话框。

该对话框包含 3 个部分，其中"部件"选项组内列出了所有存在的部件，单击鼠标左键进行部件的选择，可以单选，也可以多选，多选则要借助 Shift 键或 Ctrl 键进行单击。

"实体类型"选项组用于选择创建实体的类型，包含以下两个选项。

- ☑ 非独立（网格在部件上）：用于创建非独立的部件实体，为默认选项。当对部件划分网格时，相同的网格被添加到调用该部件的所有实体中，特别适用于线性阵列和辐射阵列构建部件实体。
- ☑ 独立（网格在实例上）：用于创建独立的部件实体，这种实体是对原始部件的复制。此时，用户需要对装配件中的每个实体划分网格，而不是原始部件。此外，"从其他的实例自动偏移"选项用于使实体间产生偏移而不重叠。

最后，单击"确定"按钮，完成实体的创建。

工具区和菜单栏中没有删除实体等工具，创建部件实体后，可以在模型树中进行这些操作，具体操作为在模型树中单击该模型装配前的"展开"按钮⊞，展开该列表，再单击实例前的"展开"按钮⊞，鼠标指向需要操作的实体，单击鼠标右键，在打开的快捷菜单中选择"删除"命令删除该实体（见图 2-27），"禁用"或"继续"（只有在选择"禁用"命令后才可以显示并选择"继续"命令）命令分别用于抑制和恢复该实体的选择。

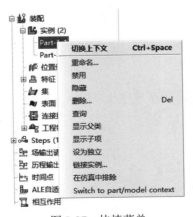

图 2-27 快捷菜单

部件实体创建完成后，其实体类型可以修改，方法为在模型树中选择该部件实体，单击鼠标右键，在打开的快捷菜单（见图 2-27）中选择"设为独立"或"设为非独立"（只有在选择"设为独立"命令后才可以显示并选择"设为非独立"命令）命令，即可改变实体的类型。

ABAQUS/CAE 还可以阵列形式复制部件实体，包含线性阵列和环形阵列两种模式，分别介绍如下。

1. 线性阵列模式

执行"实例"→"线性阵列"命令，或单击工具区中的"线性阵列"按钮▥，在视图区单击鼠标选择实体，单击提示区中的"完成"按钮 完成 ，打开"线性阵列"对话框，如图 2-28（a）所示。该对话框包括如下几个选项。

☑ "方向 1"选项组：用于设置线性阵列的第一个方向，默认为 *X* 轴。

☑ "方向 2"选项组：用于设置线性阵列的第二个方向，默认为 *Y* 轴。

☑ "预览"复选框：用于预览线性阵列的实体，默认为选中状态。

完成设置后，单击"确定"按钮 确定 ，完成线性阵列的实体创建操作。

2. 环形阵列模式

执行"实例"→"环形阵列"命令，或单击工具区中的"环形阵列"按钮▥，在视图区单击鼠标选择实体，单击提示区中的"完成"按钮 完成，打开"环形阵列"对话框，如图 2-28（b）所示。其选项与线性阵列模式类似，不再赘述。

（a）"线性阵列"对话框　　（b）"环形阵列"对话框

图 2-28　"线性阵列"和"环形阵列"对话框

2.5.2　部件实体的定位

创建了部件实体后，可以采用多种工具对实体进行定位，下面分别进行介绍。

1. 平移和旋转工具

使用平移和旋转工具可以完成部件实体在任何情况下的定位，常用工具有平移、旋转、平移到。下面分别对这些工具进行介绍。

1）平移

执行"实例"→"平移"命令，或单击工具区中的"平移实例"按钮▥，在视图区单击鼠标选择实体，单击提示区中的"完成"按钮 完成 。

有两种方法可以实现部件实体的平移。

☑ 按提示输入平移向量起点的坐标，如图 2-29 所示，按 Enter 键。继续在提示区中输入平移向量终点的坐标，如图 2-30 所示，再次按 Enter 键。

图 2-29　输入平移向量起点的坐标

图 2-30　输入平移向量终点的坐标

☑ 在视图区中选择部件实体上的一点，接着在视图区中选择部件实体上的另一点。此时，视图区中显示出实体移动后的位置，单击"完成"按钮 完成 ，完成部件实体移动。

2）旋转

执行"实例"→"旋转"命令，或单击工具区中的"旋转实例"按钮 ，选择要旋转的部件，单击鼠标中键，此时，提示输入或选择一个点作为旋转中心，输入或选择后单击鼠标中键，提示输入旋转角度，输入后单击鼠标中键，然后单击"完成"按钮，完成旋转，如图 2-31～图 2-33 所示。

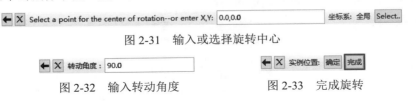

图 2-31　输入或选择旋转中心

图 2-32　输入转动角度　　　　　图 2-33　完成旋转

3）平移到

执行"实例"→"平移到"命令，或单击工具区中的"平移到"按钮 ，在视图区单击鼠标选择移动实体的边（二维或轴对称实体）或面（三维实体），单击提示区中的"完成"按钮 完成 ，再选择固定实体的面或边，单击提示区中的"完成"按钮 完成 。类似于平移工具，选择平移向量的起止点。

之后，需要在提示区输入移动后两实体的间隙距离，负值表示两实体的重叠距离，默认为 0.0，即选择的两实体的面或边接触在一起，单击"完成"按钮 完成 ，确认本次操作。

2. 约束定位工具

ABAQUS/CAE 提供了一系列约束定位工具，包含在"约束"菜单和展开工具条 中，或打开菜单栏中的"约束"菜单，如图 2-34 所示。

💡 **提示**：这组工具与平移工具类似，都是通过指定两个部件实体间的位置关系来移动其中一个实体；不同的是约束定位操作可以撤销和修改。

在模型树中选择"装配"→"位置约束"节点，选择已经定义好的位移约束类型后单击鼠标右键，在打开的快捷菜单中选择"删除"命令（见图 2-35）删除该约束定位操作，"禁用"或"继续"（只有在选择"禁用"命令后才可以显示并选择"继续"命令）命令用于抑制和恢复该约束定位操作。

双击已经定义好的位置约束类型，ABAQUS 会打开如图 2-36 所示的"编辑特征"对话框，对已经定义好的约束类型进行确认和修改。

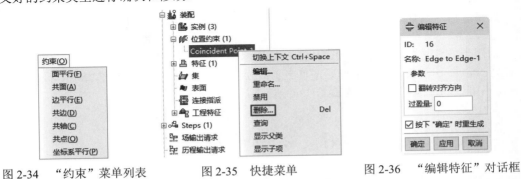

图 2-34　"约束"菜单列表　　　图 2-35　快捷菜单　　　图 2-36　"编辑特征"对话框

💡 **提示**：单独的约束定位操作很难对部件实体进行精确定位，往往需要几个约束定位操作的配合才能精确地定位部件实体。

2.5.3 合并/切割部件实体

当装配件包含两个或两个以上的部件实体时，ABAQUS/CAE 提供部件实体的合并和剪切功能。对选择的实体进行合并或剪切操作后，将产生一个新的实体和一个新的部件。

具体操作：执行"实例"→"合并/切割"命令，或单击工具区中的"合并/切割实例"按钮⬤⬤，打开"合并/切割实体"对话框，如图 2-37 所示。

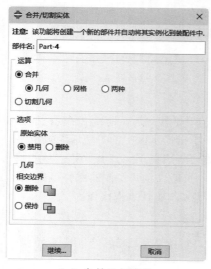
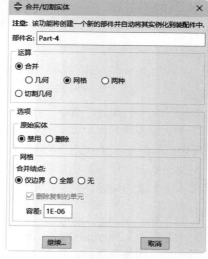

（a）合并几何实体　　　　　　　（b）合并网格实体

图 2-37 "合并/切割实体"对话框

"合并/切割实体"对话框中各选项含义如下。

☑ 部件名：用于输入新生成的部件的名称。
☑ 运算：用于选择操作的类型。
☑ 合并：用于部件实体的合并。
☑ 切割几何：用于部件实体的剪切，仅适用于几何部件实体。
☑ 选项：用于设置操作的选项。
☑ 网格：用于选择结点的合并方式，适用于带有网格的实体，如图 2-37（b）所示。
☑ 容差：用于输入合并结点间的最大距离，默认值为 1×10^{-6}，即间距在 1×10^{-6} 内的结点被合并，适用于带有网格的实体，如图 2-37（b）所示。

设置完"合并/切割实体"对话框后，单击"继续"按钮 继续...，在视图区选择需要操作的实体，单击提示区中的"完成"按钮 完成，ABAQUS/CAE 进行合并或切割运算。

2.6 分析步模块

任何几何模型都可在前面介绍的 4 个模块中创建。部件模块和草图模块用于创建部件，装配模块用于组装模型的各部件。有时需要将部件模块和装配模块配合起来使用，如通过装配模块中的合并和切割功能创建出新的部件，再进行装配。

对装配件中所包含的部件的所有操作都完成后，就可以进入分析步模块，进行分析步和输出的定义。

2.6.1　设置分析步

进入分析步模块后，菜单栏中的"分析步"菜单及工具区中的创建分析步工具和分析步管理器工具用于分析步的创建和管理。

> 💡 **提示：** 创建一个模型数据库后，ABAQUS/CAE 默认创建初始步（Initial），位于所有分析步之前。用户可以在初始步中设置边界条件和相互作用，使之在整个分析中起作用，但不能编辑、替换、重命名和删除初始步。

ABAQUS 可以在初始步后创建一个或多个分析步，执行"分析步"→"创建"命令，如图 2-38 所示；或单击工具区中的"创建分析步"按钮●→▪，打开"创建分析步"对话框，如图 2-39 所示。

图 2-38　创建分析步命令

图 2-39　"创建分析步"对话框

该对话框包括以下 3 个部分。

- ☑ 名称：在该文本框中输入分析步的名称，默认为"Step-n"（n 表示创建的第 n 个分析步）。
- ☑ 在选定项目后插入新的分析步：在选定项目后插入新的分析步，用于设置创建的分析步的位置，每个新创建的分析步都可以设置在初始步后的任何位置。
- ☑ 程序类型：用于选择分析步的类型。需要首先选择"通用"分析步或"线性摄动"分析步，下方列表中才会显示出所有可供选择的分析步类型，默认为"通用"分析步中的"静力，通用"选项。
  - ➢ "通用"分析步：用于设置一个通用分析步，可用于线性分析和非线性分析。该分析步定义了一个连续的事件，即前一个通用分析步的结束是后一个通用分析步的开始。
  - ➢ "线性摄动"分析步：用于设置一个线性摄动分析步，仅适用于 ABAQUS/Standard 中的线性分析。

选择分析步类型后，单击"继续"按钮 继续... ，打开"编辑分析步"对话框。对于不同类型的分析步，该对话框的选项有所差异。下面就几种常用的分析步进行介绍。

1. "静力，通用"分析步

该分析步用于分析线性或非线性静力学问题。其"编辑分析步"对话框包括"基本信息""增量""其他" 3 个选项卡。

1）"基本信息"选项卡

该选项卡主要用于设置分析步的时间和几何非线性等属性，如图 2-40 所示。

☑ 描述：用于输入对该分析步的简单描述，该描述保存在结果数据库中，进入可视化模块后显示在状态区。

☑ 时间长度：用于输入该分析步的时间，系统默认值为 1。对于一般的静力学问题，可以采用默认值。

☑ 几何非线性：用于选择该分析步是否考虑几何非线性，对于 ABAQUS/Standard，该选项默认为"关"。

☑ 自动稳定：用于局部不稳定的问题（如表面褶皱、局部屈曲），ABAQUS/Standard 会施加阻尼来使其变得稳定。

☑ 包括绝热效应：用于绝热的应力分析，如高速加工过程。

2）"增量"选项卡

该选项卡用于设置增量步，如图 2-41 所示。

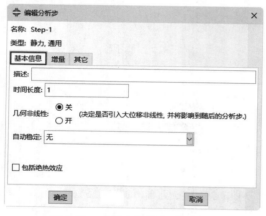

图 2-40 "基本信息"选项卡

图 2-41 "增量"选项卡

☑ 类型：用于选择时间增量的控制方法。

☑ 最大增量步数：用于设置该分析步的增量步数目的上限，默认值为 100。即使没有完成分析，当增量步的数目达到该值时，分析也会停止。

☑ 增量步大小：用于设置增量步的大小。

3）"其他"[①]选项卡

该选项卡用于选择求解器、求解技术以及载荷随时间的变化方式等，如图 2-42 所示。

☑ 方程求解器：不包括接触迭代方法。

☑ 默认的载荷随时间的变化方式：默认选项为瞬间加载。

☑ 每一增量步开始时外推前一状态：适用于分析步开始时载荷不突然变化的情况。

ABAQUS/Standard 在分析步开始时不计算初始加速度。

---

① 文中的其他与图中的其它为同一内容，后文不再赘述。

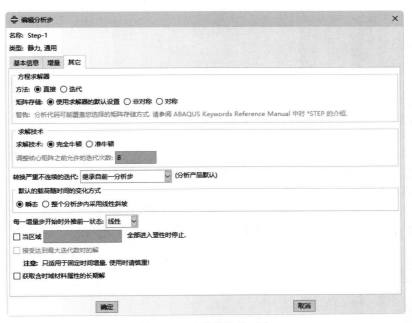

图 2-42　"其他"选项卡

2. "动力，隐式"分析步

该分析步用于分析线性或非线性隐式动力学问题，其"编辑分析步"对话框也包括"基本信息""增量""其他" 3 个选项卡，如图 2-43 所示，其中很多选项与静力学分析时相同，此处仅介绍不同的选项。

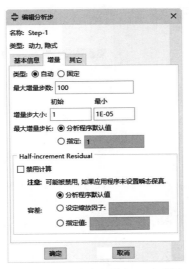

图 2-43　"编辑分析步"对话框

在"增量"选项卡中，当选中"自动"单选按钮时，可以设置增量步中平衡残余误差的容差。

当选中"固定"单选按钮时，可以选中"禁用计算"复选框来加快收敛。

若前一个分析步也是动力学分析步，采用前一个分析步结束时的加速度作为新的分析步的加速度；若当前分析步是第一个动力学分析步，则加速度为 0。在默认情况下，ABAQUS/Standard 计算初始加速度。

3. "动力，显式"分析步

该分析步用于显式动力学分析，除"基本信息""增量""其他" 3 个选项卡之外，"编辑分析步"对话框中还包括一个"质量缩放"选项卡。"基本信息"选项卡中的"几何非线性"选项默认为"开"。

"质量缩放"选项卡中各选项的含义如下。

☑ 使用前一分析步的缩放质量和"整个分析步"定义：此单选按钮为默认选项，程序采用前一个分析步对质量缩放的定义。

☑ 使用下面的缩放定义：用于创建一个或多个质量缩放定义。选中此单选按钮，单击该对话框下部的"创建"按钮 创建... ，打开"编辑质量缩放"对话框，如图 2-44 所示，在该对话框中选择质量缩放的类型并进行相应的设置。

设置完成后，"编辑分析步"对话框中的"数据"列表内将显示出该质量缩放的设置，用户可以单击该对话框下部的"编辑"按钮 编辑 或"删除"按钮 删除 进行质量缩放定义的编辑或删除，如图 2-45 所示。

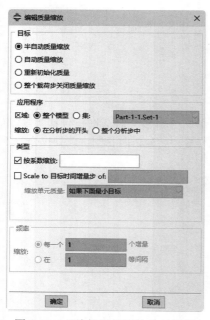

图 2-44 "编辑质量缩放"对话框

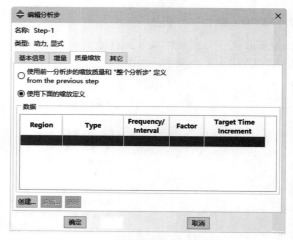

图 2-45 "编辑分析步"对话框

"其他"选项卡页面与"静力，通用"和"动力，隐式"分析步的情况不同，仅包含以下两个文本框，如图 2-46 所示。

☑ 线性体积粘性参数：用于输入线性体积黏度参数，默认值为 0.06，ABAQUS/Explicit 默认使用该类参数。

☑ 二次体积粘性参数：用于输入二次体积黏度参数，默认值为 1.2。

4. "静力，线性摄动"分析步

该分析步用于线性静力学分析，其"编辑分析步"对话框仅包含"基本信息"和"其他"两个选项卡，如图 2-47 所示，且选项为"静力，通用"的子集。

（1）"基本信息"选项卡：包含"描述"文本框。"几何非线性"默认为"关"，即不涉及几何非线性问题。

图 2-46　"其他"选项卡　　　　图 2-47　"编辑分析步"对话框

（2）"其他"选项卡：仅包含"方程求解器"选项组，如图 2-48 所示。

图 2-48　"其他"选项卡

设置完成后，单击"确定"按钮 ，完成分析步的创建。

此时单击工具区中的"分析步管理器"按钮 ，可见在弹出的对话框中列出了初始步和已创建的分析步，可以对列出的分析步进行编辑、替换、重命名、删除操作和几何非线性的选择，如图 2-49 所示。

图 2-49　"分析步管理器"对话框

2.6.2　定义场输出和历程输出

用户可以设置写入输出数据库的变量，包括场变量（以较低的频率将整个模型或模型的大部分区域的结果写入输出数据库）和历程变量（以较高的频率将模型的小部分区域的结果写入输出数据库）。

1. 场输出和历程输出请求管理器

创建了分析步后，ABAQUS/CAE 会自动创建默认的场输出请求和历程输出请求（线性摄动分析步中的屈曲、频率、复数频率无历程变量输出）。

单击工具区中的"场输出管理器"和"历程输出管理器"按钮 ，分别打开"场输出请求管理器"和"历程输出请求管理器"对话框，如图 2-50 所示。

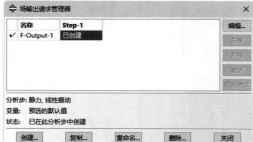
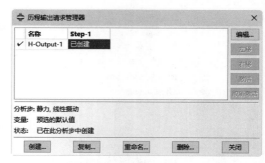

（a）"场输出请求管理器"对话框　　　　（b）"历程输出请求管理器"对话框

图 2-50　场输出和历程输出请求管理器

ABAQUS 可以在输出请求管理器中进行场输出和历程输出请求的创建、重命名、复制、删除、编辑操作。此外，列表最左侧的✔按钮表示该场输出和历程输出请求被激活，单击此按钮则变为✗，表示该场输出和历程输出请求被抑制。已创建的通用分析步的场输出和历程输出要求，在之后所有的通用分析步中继续起作用，在管理器中显示为传递，该功能同样适用于线性摄动分析步，但必须是同一种线性摄动分析步的场输出和历程输出要求。

2. 场输出和历程输出请求的编辑

单击"场输出请求管理器"或"历程输出请求管理器"对话框中的"编辑"按钮，打开"编辑场输出请求"或"编辑历程输出请求"对话框，如图 2-51 所示，就可以对场输出请求或历程输请求进行修改。

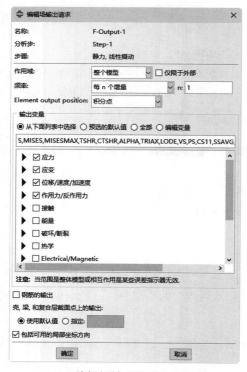
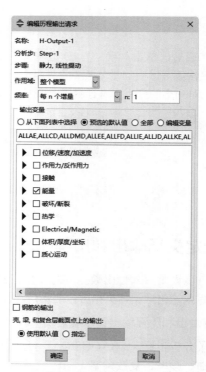

（a）"编辑场输出请求"对话框　　　　（b）"编辑历程输出请求"对话框

图 2-51　场输出和历程输出请求的编辑

2.7　载荷模块

2.7.1　载荷的定义

进入载荷模块后，主菜单中的"载荷"菜单及工具区中的"创建载荷"按钮和"载荷管理器"按钮用于载荷的创建和管理。

定义载荷时，执行"载荷"→"创建"命令，或单击工具区中的"创建载荷"按钮，也可双击左侧模型树中的载荷，打开"创建载荷"对话框，如图 2-52 所示。

该对话框包括如下常用选项。

图 2-52　"创建载荷"对话框

- ☑　名称：在该文本框中输入载荷的名称，默认为"Load-n"（n 为创建的第 n 个载荷）。
- ☑　分析步：用于选择用于创建载荷的分析步。
- ☑　类别：用于选择适用于所选分析步的加载种类。
  - ➤　力学：该选项包括集中力、弯矩、压强、表面载荷、壳的边载荷、管道压力、线载荷、体力、重力、指定方向的加速度、广义平面应变、旋转体力、螺栓或扣件的预紧力、科氏力、施加在连接器上的集中力、惯性释放载荷、施加在连接器上的力矩等类型。
  - ➤　热学：该选项包括表面热流、体热通量、集中热通量等类型。
  - ➤　声学：该选项可设置向内体积加速度。
  - ➤　流体：该选项包括流体参考压力。
  - ➤　Electrical/Magnetic（电磁学）：该选项中包括"静力，通用"分析步中的集中电荷、表面电荷、体电荷；热电耦合分析中的表面电流、集中电流、体电流。
- ☑　可用于所选分析步的类型：用于选择载荷的类型，是"类别"选项的下级选项。对于不同的分析步，可以施加不同的载荷种类。

2.7.2　边界条件的定义

菜单栏中的"边界条件"菜单及工具区中的"创建边界条件"按钮和"边界条件管理器"按钮用于边界条件的创建和管理。

定义边界条件时，单击工具区中的"创建边界条件"按钮，或执行"边界条件"→"创建"命令，也可双击左侧模型树中的边界条件，打开"创建边界条件"对话框，如图 2-53 所示。该对话框与"创建载荷"对话框类似，包括以下几个部分。

- ☑　名称：在该文本框中输入边界条件的名称，默认为"BC-n"（n 为创建的第 n 个边界条件）。
- ☑　分析步：在该下拉列表框中选择用于创建边界条件的步骤，包括初始步和分析步。
- ☑　类别：用于选择适用于所选步骤的边界条件种类。
  - ➤　力学：包括对称/反对称/完全固定、位移/转角、速度/角速度、加速度/角加速度、连接位移、连接速度、连接加速度等类型，如图 2-53（a）所示。
  - ➤　Electrical/Magnetic：包括电势类型。

> 其他：包括温度、孔隙压力、流体气蚀区压力、质量浓度、声学压强和连接物质流动等类型，如图 2-53（b）所示。

（a）力学类别 （b）其他类别

图 2-53 "创建边界条件"对话框

☑ 可用于所选分析步的类型：用于选择边界条件的类型，是"类别"选项的下级选项。对于不同的分析步，可以施加不同的边界条件类型。

下面对较常用的"对称/反对称/完全固定"和"位移/转角"边界条件的定义做简要介绍，其他选项请读者参阅系统帮助文件"ABAQUS/CAE User's Manual"。

1. 定义对称/反对称/完全固定边界条件

如图 2-53（a）所示，选择"对称/反对称/完全固定"选项后，单击"继续"按钮，选择施加该边界条件的"点""线""面"或"单元"，单击提示区中的"完成"按钮，打开"编辑边界条件"对话框，如图 2-54 所示。

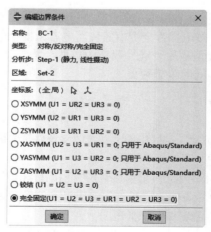

图 2-54 "编辑边界条件"对话框

该对话框包括以下 8 种边界条件。

☑ XSYMM：关于与 X 轴（坐标轴 1）垂直的平面对称（U1=UR2=UR3=0）。
☑ YSYMM：关于与 Y 轴（坐标轴 2）垂直的平面对称（U2=UR1=UR3=0）。
☑ ZSYMM：关于与 Z 轴（坐标轴 3）垂直的平面对称（U3=UR1=UR2=0）。

- ☑ XASYMM：关于与 X 轴（坐标轴 1）垂直的平面反对称（U2=U3=UR1=0），仅适用于 ABAQUS/Standard。
- ☑ YASYMM：关于与 Y 轴（坐标轴 2）垂直的平面反对称（U1=U3=UR2=0），仅适用于 ABAQUS/Standard。
- ☑ ZASYMM：关于与 Z 轴（坐标轴 3）垂直的平面反对称（U1=U2=UR3=0），仅适用于 ABAQUS/Standard。
- ☑ 铰结：约束 3 个平移自由度，即铰支约束（U1=U2=U3=0）。
- ☑ 完全固定：约束 6 个自由度，即固支约束（U1=U2=U3=UR1=UR2=UR3=0）。

2. 定义位移/转角边界条件

在"创建边界条件"对话框中选择"位移/转角"选项后，单击"继续"按钮 ，选择施加该边界条件的"点""线"或"面"，单击提示区中的"完成"按钮 完成，打开"编辑边界条件"对话框，如图 2-55 所示。

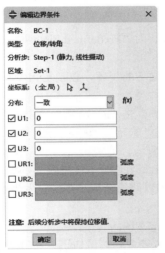

（a）铰支约束　　　　　　　　（b）固支约束

图 2-55　"编辑边界条件"对话框

该对话框包括如下选项。
- ☑ 坐标系：用于选择坐标系，默认为整体坐标系。单击"编辑"按钮，可以选择局部坐标系。
- ☑ 分布：用于选择边界条件的分布方式。
- ☑ U1～UR3：用于指定各个方向的位移边界条件。

完成边界条件的设置后，单击工具区中的"边界条件管理器"按钮，可以看见"边界条件管理器"对话框内列出了已创建的边界条件。该管理器的用法与载荷管理器类似，这里不再赘述。

2.7.3　设置预定义场

菜单栏中的"预定义场"菜单及工具区中的"创建预定义场"按钮和"预定义场管理器"按钮用于预定义场的创建和管理。

定义预定义场时，执行"预定义场"→"创建"命令或单击工具区中的"创建预定义场"按钮，也可双击左侧模型树中的预定义场，打开"创建预定义场"对话框，如图 2-56 所示。该对话框与"创建载荷"对话框类似，包括如下选项。

（a）力学类别　　　　　　（b）其他类别

图 2-56　"创建预定义场"对话框

- ☑ 名称：在该文本框中输入预定义场的名称，默认为"Predefined Field-n"（n 表示创建的第 n 个预定义场）。
- ☑ 分析步：在该下拉列表框内选择用于创建预定义场的步骤，包括初始步和分析步。
- ☑ 类别：用于选择适用于所选步骤的预定义场的种类。
  - ➤ 力学：在初始步中设置"速度"类型，如图 2-56（a）所示。单击"继续"按钮 继续...，选择施加该边界条件的"点""线""面"或"单元"，单击提示区中的"完成"按钮 完成，打开"编辑预定义场"对话框，如图 2-57 所示。
  - ➤ 其他：包括温度、初始状态、材料指派、饱和、孔隙比、孔隙压力等类型，如图 2-56（b）所示，其中初始状态仅适用于初始步，输入以前的分析得到的已发生变形的网格和相关的材料状态作为初始状态场。
- ☑ 可用于所选分析步的类型：该列表用于选择预定义场的类型，是"类别"选项的下级选项。

完成预定义场的设置后，单击工具区中的"预定义场管理器"按钮，打开"预定义场管理器"对话框，如图 2-58 所示，其中列出了已创建的预定义场。该管理器的用法与载荷管理器、边界条件管理器类似。

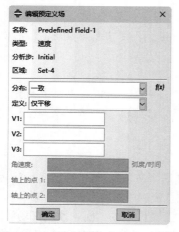

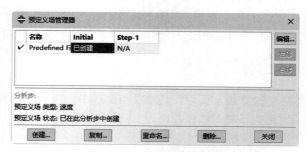

图 2-57　"编辑预定义场"对话框　　　　图 2-58　"预定义场管理器"对话框

2.7.4　定义载荷工况

菜单栏中的"载荷工况"菜单及工具区中的"创建载荷工况"按钮 和"载荷工况管理器"按钮 用于工况的创建和管理。

工况是一系列组合在一起的载荷和边界条件，仅适用于直接求解的稳态动力学线性摄动分析步和静态线性摄动分析步。定义工况时，执行"载荷工况"→"创建"命令，或单击工具区中的"创建载荷工况"按钮 ，打开"创建载荷工况"对话框，如图 2-59 所示。单击"继续"按钮 ，打开"编辑载荷工况"对话框，如图 2-60 所示。

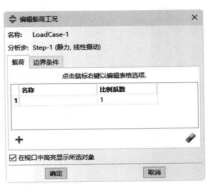

图 2-59　"创建载荷工况"对话框　　　图 2-60　"编辑载荷工况"对话框

完成工况的设置后，单击工具区中的"载荷工况管理器"按钮 ，可见工况管理器内列出了该分析步内已创建的工况。

2.8　相互作用模块

2.8.1　相互作用的定义

在定义一些相互作用之前，需要定义对应的相互作用属性，包括接触、入射波、热传导、声阻。本小节主要介绍接触属性和接触的定义，其他类型的相互作用请读者参阅系统帮助文件。

1. 接触属性的定义

执行"相互作用"→"属性"→"创建"命令，或单击工具区中的"创建相互作用属性"按钮 ，打开"创建相互作用属性"对话框，如图 2-61 所示。

该对话框中各选项含义如下。

☑　名称：该文本框用于输入相互作用属性的名称，默认为"IntProp-n"（n 表示创建的第 n 个相互作用属性）。

☑　类型：该列表用于选择相互作用属性的类型，包括接触、膜条件、声学阻抗、入射波、激励器/传感器等。在列表中选择"接触"选项，单击"继续"按钮 ，打开"编辑接触属性"对话框，如图 2-62 所示。

图 2-61　"创建相互作用属性"对话框

"编辑接触属性"对话框包括"接触属性选项"列表和各种接触参数的设置区域，下面分别进行介绍。

☑ 接触属性选项：用于选择接触属性的类型，选择的接触属性会依次出现在列表中。

☑ 数据区：出现在"接触属性选项"列表的下方，在该区域内设置相应的接触属性值。设置完成后，单击"确定"按钮 确定。用户可以修改接触属性，方法如下：单击工具区中的"相互作用属性管理器"按钮 ，打开如图 2-63 所示的对话框，选择需要编辑的接触属性，单击"编辑"按钮 编辑；或执行"相互作用"→"属性"→"编辑"命令后，在下级菜单中选择需要编辑的接触属性。

图 2-62 "编辑接触属性"对话框

图 2-63 "相互作用属性管理器"对话框

2. 接触的定义

在 ABAQUS/Standard 中，可以定义表面与表面接触、自接触、压力穿透等类型；在 ABAQUS/Explicit 中，可以定义表面与表面接触、自接触、声学阻抗等类型。执行"相互作用"→"创建"命令，或单击工具区中的"创建相互作用"按钮 ，打开"创建相互作用"对话框，如图 2-64 所示。

（a）"静力，通用"分析步　　　（b）"动力，隐式"分析步

图 2-64 "创建相互作用"对话框

用户可以通过执行"相互作用"→"接触控制"→"创建"命令定义接触控制，适用于

ABAQUS/Standard 和 ABAQUS/Explicit 中的表面与表面接触和自接触。

2.8.2　定义约束

在相互作用模块中，可以使用菜单栏中的"约束"菜单及工具区中的"创建约束"按钮◀和"约束管理器"按钮▦进行约束的定义和编辑。

该模块中的约束是约束模型中各部分间的自由度，而装配模块中的约束仅仅是限定装配件中各部件的相对位置。

执行"约束"→"创建"命令，或单击工具区中的"创建约束"按钮◀，打开"创建约束"对话框，如图 2-65 所示。在该对话框中可设置约束的名称和类型。

2.8.3　定义连接器

在相互作用模块中，ABAQUS 还允许使用菜单栏中的"连接"菜单及工具区中的相应工具进行连接器的定义和编辑。

图 2-65　"创建约束"对话框

> 💡 **提示**：连接器通常用于连接模型装配件中位于不同部件实体上的两个点，或连接模型装配件中的一个点和地面，来建立它们之间的运动约束关系，也可以选择输出变量并在可视化模块中进行分析。

ABAQUS 中的连接器分为已装配连接器、基本信息连接器和 MPC 连接器，其中基本信息连接器又分为平移连接器和旋转连接器。

执行"连接"→"截面"→"创建"命令，或单击工具区中的"创建连接截面"按钮▣，打开"创建连接截面"对话框，如图 2-66 所示。单击"继续"按钮 继续…，打开"编辑连接截面"对话框，单击"确定"按钮 确定，完成设置。

单击工具区中的"创建线条特征线"按钮✐，打开"创建线框特征"对话框，在该对话框中添加"点 1"和"点 2"，单击"确定"按钮 确定，完成设置，如图 2-67 所示。

图 2-66　"创建连接截面"对话框

图 2-67　"创建线框特征"对话框

完成连接器截面特性的设置和特征线的创建后，可以将已定义的连接器的截面特性分配给指定的连接器（特征线），同时对该连接器划分相应的连接单元。

执行"连接"→"指派"→"创建"命令，或单击工具区中的"创建连接指派"按钮，根据提示选择特征线，打开"编辑连接截面指派"对话框，如图 2-68 所示。该对话框包含"截面""方向 1""方向 2" 3 个选项卡。

- ☑ 截面：用于选择连接器的截面特性，如图 2-68（a）所示。单击"连接类型图表"按钮时，显示图例，如图 2-69 所示。
- ☑ 方向 1：用于指定连接器第 1 个端点的坐标系，如图 2-68（b）所示。
- ☑ 方向 2：用于指定连接器第 2 个端点的坐标系，如图 2-68（c）所示。

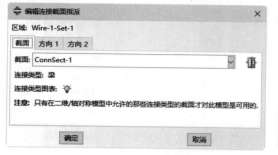

（a）"截面"选项卡　　　　　　（b）"方向 1"选项卡　　　　（c）"方向 2"选项卡

图 2-68　"编辑连接截面指派"对话框

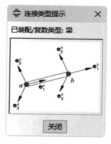

图 2-69　显示图例

单击"确定"按钮，完成设置，至此已完成连接器截面特性的分配操作。同时 ABAQUS 自动对该连接器划分单元。

2.9　网　格　模　块

2.9.1　定义网格密度

种子是单元的边结点在区域边界上的标记，它决定了网格的密度。菜单栏中的"布种"菜单及工具区中第 1 行的展开工具箱用于模型的布种操作。

对于非独立实体，在创建了部件后就可以在网格模块中对该部件进行网格划分。进入网格模块后，首先将环境栏中的"模块"列表选择为"部件"，并在"部件"列表中选择要操作的部件。

按住工具区中的"为部件实例布种"按钮，在展开工具条中选择设置种子的工具，或在菜单栏的"布种"菜单中进行选择。该展开工具条中的选项说明如下。

- ☑ 为部件实例布种：对整个部件布种，显示为白色。也可以执行"布种"→"实例"命令实现该操作。
- ☑ 删除实例种子：删除使用种子部件工具设置的种子，而不会删除使用为边布种工具设置的种子。也可以执行"布种"→"删除实例种子"命令实现该操作。

ABAQUS 中也可以通过设置边上的种子对部件进行设置，按住工具区中的"为边布种"按钮，在展开工具条中选择设置种子的工具，或在菜单栏的"布种"菜单中进行选择。该展开工具条中的选项说明如下。

- ☑ 为边布种：为边布种，显示为白色。也可以执行"布种"→"边"命令实现该操作。
- ☑ 删除边上的种子：删除使用为边布种工具设置的种子，而不会删除使用种子部件工具设置的种子。也可以执行"布种"→"删除边种子"命令实现该操作。

2.9.2　设置网格控制

对于二维或三维结构，ABAQUS 可以进行网格控制，而梁、桁架等一维结构则无法进行网格控制。

执行"网格"→"控制属性"命令，或单击工具区中的"指派网格控制属性"按钮，打开"网格控制属性"对话框，如图 2-70 所示。该对话框用于选择"单元形状""技术"和对应的"算法"。

1. 选择单元形状

对于二维模型，可以选择"四边形""四边形为主""三角形"3 种单元形状，如图 2-70 所示。

对于三维模型，可以选择"六面体""六面体为主""四面体""楔形"4 种单元形状，如图 2-71 所示。

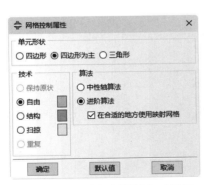

图 2-70　"网格控制属性"对话框

图 2-71　结构网格技术

2. 选择网格划分技术

在"网格控制属性"对话框中，可选择的基本网格划分技术有 3 种："结构""扫掠""自由"，如图 2-71～图 2-73 所示。

💡 提示：对于二维或三维结构，这 3 种网格划分技术拥有各自的网格划分算法。"自底向上""保持原状""重复"3 个选项不是网格划分技术，而是对应于某些复杂结构的网格划分方案。

图 2-72　扫掠网格技术

图 2-73　自由网格技术

2.9.3　设置单元类型

　　ABAQUS 的单元库非常丰富，用户可以根据模型的情况和分析需要选择合适的单元类型。在设置了网格控制属性后，执行"网格"→"单元类型"命令，或单击工具区中的"指派单元类型"按钮，在视图区选择要设置单元类型的模型区域，打开"单元类型"对话框，如图 2-74 所示。

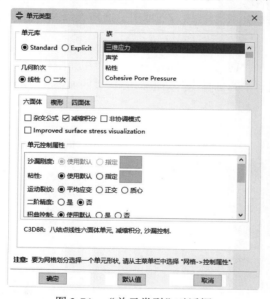

图 2-74　"单元类型"对话框

　　该对话框中的选项说明如下。

☑　单元库：用于选择适用于隐式或显式分析的单元库。

☑　几何阶次：用于选择线性单元或二次单元。

☑　族：该列表用于选择适用于当前分析类型的单元。

☑　单元控制属性：用于选择单元形状并设置单元控制属性。该对话框默认显示与"网格控制属性"对话框中设置的单元形状一致的页面。

　　完成设置后，"单元控制属性"栏下端显示出所设置的单元的名称和简单描述，单击"确定"按钮 确定 。

2.9.4　划分网格

完成设置种子、网格控制和单元类型的选择后，就可以对模型进行网格划分了。与种子的设置一样，网格划分仍然有非独立实体和独立实体的区别，下面主要介绍非独立实体的网格划分。

提示： 独立实体只需要将环境栏中的"模块"列表选择为"装配"，就可以进行类似的操作。

按住工具区中的"为部件划分网格"按钮，在展开工具条中选择网格划分的工具，或在菜单栏的"网格"菜单中进行选择。该展开工具条中的选项说明如下。

☑ 为部件划分网格：对整个部件划分网格，单击提示区中的"是"按钮，则开始划分，如图 2-75 所示。

图 2-75　提示是否对模型部件划分网格

☑ 为区域划分网格：对选择的模型区域划分网格。若模型包含多个模型区域，单击该按钮，在视图区选择要划分网格的模型区域，单击鼠标中键，完成该模型区域的网格划分。

☑ 删除部件本地网格：删除整个部件的网格，单击提示区中的"是"按钮，进行部件网格的删除。

☑ 删除区域本地网格：删除模型区域的网格，其操作类似于为区域划分网格工具。

提示： 若删除或重新设置种子以及重新设置网格控制参数（包括网格划分技术、单元形状、网格划分算法、重新定义扫掠路径或角点、最小化网格过渡等），ABAQUS/CAE 会打开如图 2-76 所示的对话框，单击"删除网格"按钮删除已划分的网格，之后才能继续操作。选中"自动删除因网格控制属性改变而无效的网格（此警告将不再显示）"复选框，再单击"删除网格"按钮，则在以后遇到同样的问题时不再打开该对话框询问，而是直接删除网格。另外，单元类型的重新设置不需要重新划分网格。

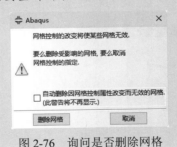

图 2-76　询问是否删除网格

下面通过一个实例说明复杂模型网格划分的两种方式。本例将介绍一个三维模型的网格划分方法，该模型如图 2-77 所示。

图 2-77　实体模型图

1. 采用四面体单元进行网格划分

单击工具区中的"指派网格控制属性"按钮，打开"网格控制属性"对话框，如图 2-78 所示，在"单元形状"选项组中选中"四面体"单选按钮，单击"确定"按钮，视图区的模型显示为粉红色。

单击工具区中的"种子部件"按钮，打开"全局种子"对话框，如图 2-79 所示，在"近似全局尺寸"文本框中输入"2"，单击"确定"按钮。

图 2-78　"网格控制属性"对话框

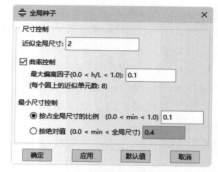

图 2-79　"全局种子"对话框

单击工具区中的"指派单元类型"按钮，打开"单元类型"对话框，如图 2-80 所示，在"几何阶次"选项组中选中"二次"单选按钮，单击"确定"按钮。单击工具区中的"为部件划分网格"按钮，再单击提示区中的"是"按钮，完成网格划分，划分网格如图 2-81 所示。

图 2-80　"单元类型"对话框

图 2-81　自由网格划分

模型外表面的网格分布不是很规则，可以考虑在"网格控制属性"对话框中选中"在边界面上合适的地方使用映射的三角形网格"复选框，如图 2-78 所示，在可以采用映射网格的边界区域用映射网格划分代替自由网格划分，划分网格如图 2-82 所示。可见，选用该选项进行网格划分时模型的网格分布都比较规则。

2．采用六面体单元进行网格划分

二次六面体单元具有较高的计算精度和效率，因此对于不是特别复杂的模型，可以考虑先分割，再选用二次六面体单元进行结构化或扫掠网格划分。

单击工具区中的"拆分几何元素定义切割平面"按钮，单击提示区中的"三个点"按钮 三个点，在视图区选择长方体上表面的 3 个点，单击鼠标中键，将该部件分割成 4 个模型区域。此时这 4 个模型区域仍然继承分割前的种子和网格控制的设置，需要重新设置网格控制和单元类型。

（1）设置网格控制。单击工具区中的"指派网格控制属性"按钮，在视图区选择分割后的两个模型区域，单击鼠标中键，打开"网格控制属性"对话框，在"单元形状"选项组中选中"六面体"单选按钮，"技术"只能选择"扫掠"，采用默认的"中性轴算法"和"最小化网格过渡"，单击"确定"按钮 确定，视图区的模型显示为黄色。

（2）设置单元类型。单击工具区中的"指派单元类型"按钮，在视图区选择分割后的两个模型区域，单击鼠标中键，打开"单元类型"对话框，在"几何阶次"选项组中选中"二次"单选按钮，"单元控制属性"栏下端显示 C3D20R（二次减缩积分六面体单元），单击"确定"按钮 确定。

（3）划分网格。单击工具区中的"为部件划分网格"按钮，再单击提示区中的"是"按钮 是，完成网格划分，如图 2-83 所示。

图 2-82　映射网格划分　　　　图 2-83　中性轴算法划分的六面体网格

提示： 可以在"网格控制属性"对话框的"算法"选项组中选中"进阶算法"单选按钮和"在合适的地方使用映射网格"复选框，最终生成如图 2-84 所示的六面体单元。在网格划分完成之前，无法预测哪种算法更为合适。

图 2-84　进阶算法划分的六面体网格

3．协调性

当对三维模型进行网格划分时，ABAQUS 会首先判断使用设置的网格划分和单元形状方法是否会在整个模型中生成一个协调的网格。如果能生成一个协调的网格，ABAQUS 会继续进行网格划分；

如果不能生成，会在视图区高亮显示不协调的界面，并打开一个对话框来询问读者是否继续划分网格，若单击"确定"按钮 确定 ，ABAQUS 则会自动在不协调的界面上产生绑定约束。

2.9.5　检查网格

网格划分完成后，可以进行网格质量的检查。单击工具区中的"检查网格"按钮 ，或执行"网格"→"检查"命令，在提示区选择要检查的模型区域，如图 2-85 所示，包括部件（适用于非独立实体）、部件实例（适用于独立实体）及单元和几何区域。

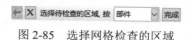

图 2-85　选择网格检查的区域

选择部件、部件实例或几何区域，选择对应的部件实体、部件或模型区域，单击鼠标中键，打开"检查网格"对话框，如图 2-86 所示。下面对该对话框进行介绍。

（a）形状检查　　　　　（b）尺寸检查　　　　　（c）分析检查

图 2-86　"检查网格"对话框

☑　形状检查：用于逐项检查单元的形状。"单元形状"栏列出了选择的模型区域内的所有单元形状。单击"高亮"按钮 高亮 ，开始网格检查。检查完毕，视图区高亮显示不符合标准的单元，信息区显示单元总数、不符合标准的单元数量和百分比、该标准量的平均值和最危险值。单击"重新选择"按钮 重新选择 ，重新选择网格检查的区域；单击"默认值"按钮 默认值 ，使各统计检查项恢复到默认值。

☑　尺寸检查："单元检查标准"栏包括以下 5 种标准。

➢　几何偏心因子大于。

➢　边短于。

➢　边长于。

➢　稳定时间增量步小于。

➢　最大允许频率小于（用于声学单元）。

☑　分析检查：用于检查分析过程中会导致错误或警告信息的单元，错误单元用紫红色高亮显示，警告单元用黄色高亮显示。单击"高亮"按钮 高亮 ，开始网格检查。检查完毕，视图区高亮显示错误和警告单元，信息区显示单元总数、错误和警告单元的数量和百分比。梁单元、垫圈单元和粘合层单元不能使用分析检查。

2.9.6　提高网格质量

网格质量是决定计算效率和计算精度的重要因素，可是却没有判断网格质量好坏的统一标准。为了提高网格质量，有时需要对网格和几何模型等进行调整。本小节将介绍提高三维实体模型网格质量的常用方法。

1．划分网格前的参数设置

如前文所述，在划分网格前，需要设置种子、网格控制参数和单元类型，这些参数的选择直接决定了三维实体模型的网格质量。读者可在应用中慢慢摸索参数设置的经验。

2．编辑几何模型

有时需要修改或调整几何模型来获得高质量的网格。

1）分割模型

若不能直接使用六面体单元对模型划分网格，则可以运用分割工具将其分割成形状较为简单的区域，并对分割后的区域划分六面体单元。分割工具可以通过工具区中相应按钮或在菜单栏中执行"工具"→"分区"命令进行调用，如图 2-87 和图 2-88 所示，包括 4 个分割边的工具、8 个分割面的工具和 6 个分割几何元素的工具，具体用法不再赘述。

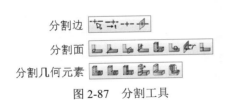

图 2-87　分割工具

图 2-88　"创建分区"对话框

2）编辑问题模型

网格的质量不高或网格划分的失败有时是由几何模型的问题（如无效区域、不精确区域、小面、短边等）引起的。为了获得高质量的网格，需要对有问题的模型进行处理，常用工具包括几何诊断和几何编辑工具，下面将介绍这两种工具。

- ☑ 几何诊断工具。首先需要对模型进行几何诊断。单击工具栏中的"查询信息"按钮 ⓘ，或执行"工具"→"查询"命令，在打开的"查询"对话框中选择"几何诊断"选项，如图 2-89 所示，打开"几何诊断"对话框，如图 2-90 所示。该对话框可用于诊断模型的无效区域、不精确区域、小尺寸区域等。

- ☑ 几何编辑工具。通过几何诊断确定模型中的无效区域、小尺寸区域或不精确区域后，可以在部件模块中选用合适的几何编辑工具对模型进行编辑，最终在编辑后的模型上生成高质量的网格。几何编辑工具在"部件"模块中，可以通过工具区中相应按钮或在菜单栏中执行"工具"→"几何编辑"命令进行调用，如图 2-91 所示。

图 2-89 "查询"对话框

图 2-90 "几何诊断"对话框

（a）"几何编辑"命令

（b）"几何编辑"对话框

（c）按钮工具

图 2-91 几何编辑工具

2.10 作 业 模 块

在环境栏的"模块"列表中选择"作业"选项，进入作业模块。该模块主要用于分析作业和网格自适应过程的创建和管理。

2.10.1 分析作业的创建与管理

进入作业模块后，菜单栏中的"作业"菜单及工具区中的"创建作业"按钮■和"作业管理器"按钮■用于分析作业的创建和管理。

1. 分析作业的创建

执行"作业"→"创建"命令，或单击工具区中的"创建作业"按钮■，打开"创建作业"对话框，如图 2-92 所示。

（a）来源：模型　　　（b）来源：输入文件

图 2-92　"创建作业"对话框

该对话框包括以下两个部分。

☑　　名称：在该文本框中输入分析作业的名称，默认为"Job-n"（n 表示创建的第 n 个作业）。

☑　　来源：该下拉列表框用于选择分析作业的来源，包括"模型"和"输入文件"。默认选择为"模型"，其下部列出该 CAE 文件中包含的模型，如图 2-92（a）所示，用户需要从该列表中选择用于创建分析作业的模型。若用户选择"输入文件"，则可以单击"选取"按钮，选择用于创建分析作业的 INP 文件，如图 2-92（b）所示。

完成设置后，单击"继续"按钮，就会打开"编辑作业"对话框，如图 2-93 所示，可以在该对话框中进行分析作业的编辑。

图 2-93　"编辑作业"对话框

2. 作业管理器

单击"作业管理器"按钮，已创建的分析作业会出现在作业管理器中，如图 2-94 所示。该管理器中下部的工具与其他管理器类似，不再赘述。下面介绍"作业管理器"对话框中右侧的工具按钮。

☑　　写入输入文件：用于在工作目录中生成该模型的 INP 文件，等同于在菜单栏中执行"作业"→"写入 input 文件"命令。

图 2-94　"作业管理器"对话框

- ☑　提交：用于提交分析作业，等同于在菜单栏中执行"作业"→"提交"命令。提交分析作业后，作业管理器中的"状态"栏会相应地改变。
- ☑　监控：用于打开分析作业监控器，如图 2-95 所示，等同于在菜单栏中执行"作业"→"监控"命令。该对话框中的上部表格显示分析过程的信息，这部分信息也可以通过状态文件（job_name.sta）进行查阅。

图 2-95　分析作业监控器

- ☑　结果：用于运行完成的分析作业的后处理，单击该按钮进入可视化模块。该按钮等同于在菜单栏中执行"作业"→"结果"命令。
- ☑　中断：用于终止正在运行的分析作业，等同于在菜单栏中执行"作业"→"中断"命令，或分析作业监控器中的"中断"按钮 中断 。

2.10.2　网格自适应

若用户在网格模块定义了自适应网格重划分规则，则可以对该模型运行网格自适应过程。ABAQUS/CAE 根据自适应网格重划分规则对模型重新划分网格，进而完成一系列连续的分析作业，直到结果满足自适应网格重划分规则，或已完成指定的最大迭代数，抑或分析中遇到错误。

单击工具区中的"创建自适应过程"按钮 ，或执行"自适应"→"创建"命令，打开"创建自适应过程"对话框，如图 2-96 所示。该对话框与"编辑作业"对话框类似，不再赘述。

设置完成后，单击"确定"按钮。

单击工具区中的"自适应过程管理器"按钮 ，已创建的自适应过程会出现在自适应过程管理器中，如图 2-97 所示。用户可以单击该管理器右侧的"提交"按钮 提交 ，提交该自适应过程。然而，用户需要在作业管理器中进行自适应过程的监控、终止和每个迭代的结果后处理操作。

图 2-96　"创建自适应过程"对话框

图 2-97　"自适应过程管理器"对话框

2.11　可视化模块

可以通过两种方式进入可视化模块并打开结果数据库文件。

（1）分析完成后，作业模块的作业管理器的"状态"栏会显示"已完成"，在管理器中选择要进行后处理的分析作业，单击"结果"按钮，或在菜单栏中执行"作业"→"结果"命令，进入可视化模块，视图区会显示该模型的无变形图。

（2）在环境栏中选择"模块"列表中的"可视化"选项，进入可视化模块，再单击工具栏中的"打开"按钮 或执行"文件"→"打开"命令，也可以双击模型树中的输出数据库，在打开的"打开数据库"对话框中选择要打开的 ODB 文件，单击"确定"按钮 确定(O) ，视图区将显示该模型的无变形图。

ABAQUS 的可视化模块用于模型的结果后处理，可以显示 ODB 文件中的计算分析结果，包括变形前/后的模型图、矢量/张量符号图、材料方向图、各种变量的分布云图、变量的 X-Y 图表、动画等，以及以文本形式选择性输出的各种变量的具体数值。这些功能及其控制选项都包含在"结果""绘制""动画""报告""选项""工具"菜单中，其中大部分功能还可以通过工具区中的相应按钮进行调用，如图 2-98 所示。

下面以一个 ODB 文件为例，对可视化模块中的常用功能进行介绍。

2.11.1　显示无变形图形和变形图形

打开 ODB 文件，视图区随即显示该模型的无变形图。用户可以

图 2-98　可视化模块的工具区

选择显示模型的变形图，还可以同时显示无变形图和变形图。

在可视化模块中打开结果数据库文件后，工具区中的"绘制未变形图"按钮▥被激活，视图区会显示出变形前的网格模型，与网格模块中的网格图相同。

单击工具区中的"绘制变形图"按钮▥，或执行"绘图"→"变形图"命令，视图区会显示出变形后的网格模型。此时，状态区显示出变形放大系数为1.0。

> 💡提示：如果用户直接对模型显示进行截图，则图的背景为黑色。用户可以通过修改背景颜色和打印输出两种方式得到白色背景。

☑ 修改背景颜色。执行"视图"→"图形选项"命令，打开"图形选项"对话框，如图 2-99 所示，单击"视口背景"栏内"实体"单选按钮后的色标，在打开的"选择颜色"对话框中选择白色，如图 2-100 所示，单击"确定"按钮 确定 ，返回"图形选项"对话框，单击"应用"按钮 应用 ，视图区的背景变为白色。用户也可选中"渐变"单选按钮并更换渐变的背景。

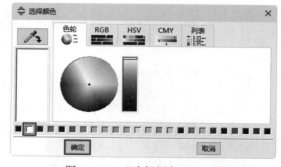

图 2-99　"图形选项"对话框　　　　图 2-100　"选择颜色"对话框

☑ 打印输出。执行"文件"→"打印"命令，打开"打印"对话框，在"目标"栏中选择文件，在"文件名称"栏中输入文件名，单击"文件选择浏览器"按钮📁，选择保存图片的文件夹，在"格式"栏中选择文件格式，单击"应用"按钮 应用 ，保存背景为白色的图片。

2.11.2　绘制云纹图

云图用于在模型上用颜色显示分析变量。执行"绘图"→"云图"→"在变形图上"命令，或单击工具区中的"在变形图上绘制云图"按钮▥，视图区会显示模型变形后的 Mises 应力云纹图。

按住工具区中的"在变形图上绘制云图"按钮▥，在展开的工具条▥▥▥中可以选择云图的显示方式，后两项分别为显示在变形前模型上的云纹图和显示在变形后模型上的云纹图。

> 💡提示：该功能也可以在菜单栏的"绘图"→"云图"命令中选择。

执行菜单栏中的"视口"→"视口注释选项"命令，可以在打开的"视口注释选项"对话框中进行坐标轴、图例、标题、状态信息等的设置，"通用"选项卡用于控制它们在视图区的显示，其他 4 个选项卡分别用于它们的设置，如图 2-101 所示。

图 2-101　"视口注释选项"对话框

2.12　本 章 小 结

　　ABAQUS 的所有功能都集成在各模块中，用户可以根据需要在 ABAQUS/CAE 主界面中激活各模块，对应的菜单和工具区按钮会随即出现在界面中。

　　ABAQUS 的模型是基于 CAD 软件中部件和组装的概念建立起来的。ABAQUS 的模型包括一个或多个部件，所有部件都在部件模块中建立，部件的草图在草图模块中创建，各部件在装配模块中进行组装，属性模块用于定义材料属性和截面特性。

　　随后，需要进入分析步模块进行分析步和输出的定义，也可以进行求解控制和自适应网格划分的设置。在载荷模块施加载荷和边界条件及在相互作用模块定义接触前，需要首先创建分析步，选择在初始步或是分析步中设置接触和边界条件，载荷则只能设置在分析步中。然后在网格模块中划分网格，并在作业模块中提交作业，最后在可视化模块中观察结果。

　　本章详细介绍了各个模块的功能，读者可以多加练习，并进一步在后面章节的学习中加以巩固。

第3章

线性结构静力分析

本章主要介绍线性静力分析，通过一个简单的工程实例，使读者对线性静力分析的方法有一个初步的了解，为以后解决复杂的工程问题打下基础。

结构静力分析主要用来分析由稳态外载荷所引起的位移、应力和应变等，其中稳态载荷主要包括外部施加的力、稳态的惯性力（如重力和旋转速度）、施加位移和温度等，适用于求解惯性及阻尼对结构响应影响不显著的问题。结构静力分析可以分为线性静力分析和非线性静力分析。

- ☑ 进一步掌握各模块的使用方法。
- ☑ 了解线性静力分析的方法和步骤。

任务驱动&项目案例

3.1　静力分析介绍

3.1.1　结构静力分析简介

1. 结构分析概述

结构分析是有限元分析方法最常用的一个应用领域。它包括如下方面：土木工程结构，如桥梁和建筑物；汽车结构，如车身骨架；航空结构，如飞机机身；船舶结构，如船体骨架等；机械零部件，如活塞、传动轴等。结构分析就是对这些结构进行分析计算。

2. 结构静力分析

基于计算的线性和非线性的角度，可以把结构分析分为线性分析和非线性分析；基于载荷与时间的关系，又可以把结构分析分为静力分析和动态分析，而线性静力分析是最基本的分析，下面对其进行介绍。

1）静力分析的定义

静力分析用于计算在固定不变的载荷作用下结构的效应，它不考虑惯性和阻尼的影响，如结构上随时间变化载荷的情况。可是，静力分析可以计算那些固定不变的惯性载荷对结构的影响（如重力和离心力），以及那些可以近似为等价静力作用的随时间变化的载荷（如许多建筑规范中所定义的等价静力风载荷和地震载荷）。线性分析是指在分析过程中结构的几何参数和载荷参数只发生微小的变化，以致可以把这种变化忽略，而把分析中的所有非线性项去掉。

2）静力分析中的载荷

静力分析用于计算由那些不包括惯性和阻尼效应的载荷作用于结构或部件上引起的位移、应力、应变和力。固定不变的载荷和响应是一种假定，即假定载荷和结构的响应随时间的变化非常缓慢。

静力分析所施加的载荷包括以下几种。

☑　外部施加的作用力和压力。
☑　稳态的惯性力（如重力和离心力）。
☑　位移载荷。
☑　温度载荷。

3.1.2　静力分析的类型

静力分析可分为线性静力分析和非线性静力分析，静力分析既可以是线性的也可以是非线性的。非线性静力分析包括所有的非线性类型：大变形、塑性、蠕变、应力刚化、接触（间隙）单元、超弹性单元等。本节主要讨论线性静力分析，非线性静力分析在第 5 章中介绍。

从结构的几何特点出发，无论是线性的还是非线性的静力分析，都可以分为平面问题、轴对称问题、周期对称问题及任意三维结构。

3.1.3　静力分析基本步骤

1. 建模

建立结构的有限元模型，使用 ABAQUS 软件进行静力分析，有限元模型的建立是否正确、合理，直接影响到分析结果的准确可靠程度。因此，在开始建立有限元模型时就应当考虑所要分析的问题的特点，对需要划分的有限元网格的粗细和分布情况有一个大概的规划。

2. 施加载荷和边界条件并求解

在上一步建立的有限元模型上施加载荷和边界条件并求解，这部分要完成的工作包括：指定分析类型和分析选项，根据分析对象的工作状态和环境施加边界条件和载荷，对结果输出内容进行控制，最后根据设定的情况进行有限元求解。

3. 结果评价和分析

求解完成后，查看结果文件 Jobname.odb，结果文件由以下数据构成。

☑ 基本数据：节点位移（UX、UY、YZ、ROTX、ROTY、ROTZ）。

☑ 导出数据：节点单元应力、节点单元应变、单元集中力、节点反力等。

3.2 实例——挂钩的线性静力分析

本节将通过实例讲解 ABAQUS/CAE 的以下功能。

☑ 草图模块：绘制挂钩部件。

☑ 部件模块：通过拉伸来创建几何部件，通过切割和倒角来定义几何形状。

☑ 属性模块：定义材料和截面属性。

☑ 网格模块：布置种子，分割实体和面，选择单元形状、单元类型、网格划分技术和算法，生成网格，检验网格质量，通过分割来定义承受载荷的面。

☑ 装配模块：创建非独立实体。

☑ 分析步模块：创建分析步，设置时间增量步和场变量输出结果。

☑ 相互作用模块：定义分布耦合约束（distributing coupling constraint）。

☑ 载荷模块：定义幅值，在不同的分析步中分别施加面载荷和随时间变化的集中力，定义边界条件。

☑ 作业模块：创建分析作业，设置分析作业的参数，提交和运行分析作业，监控运行状态。

☑ 可视化模块：后处理的各种常用功能。

3.2.1 实例描述

挂钩及其各部分尺寸如图 3-1 所示，一端牢固地焊接在一个大型结构上，挂钩 U 形槽处可承载重物。材料的弹性模量 E=210000 MPa，泊松比 μ=0.3。挂钩有以下两种工况。

☑ 挂钩的 U 形槽内表面受到沿 Y 轴负方向上的压力，幅值为 1000 MPa，其大小随时间变化。

☑ 除了上述载荷，挂钩的自由端面还在局部区域上受到均布的剪力，幅值为 20 MPa。

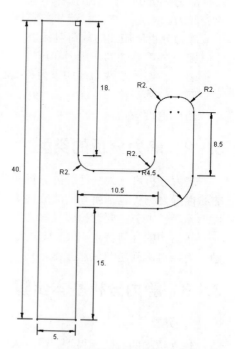

图 3-1 挂钩部件尺寸图

3.2.2　创建部件

启动 ABAQUS/CAE，进入"部件"模块，单击工具区中的"创建部件"按钮，打开"创建部件"对话框，在"名称"文本框中输入"Part-guagou"，在"模型空间"中选择"三维"，再依次选择"可变形""实体""拉伸"，如图 3-2 所示，然后单击"继续"按钮。

单击工具区中的"创建线：首尾相连"按钮，绘制顶点坐标分别为（0,15）、（5,15）、（5,−5）、（15,−5）、（15,5）、（20,5）、（20,−10）、（5,−10）、（5,−25）、（0,−25）的闭合多边形。下面对部件进行倒角，单击工具区中的"创建倒角：两条曲线"按钮，在提示区的"圆角半径"文本框中输入倒圆角的半径值，在视图区中单击鼠标中键，此时只要单击任意直角的两条边，该直角就会自动生成相应半径的圆角，对照图 3-1，对部件进行倒圆角。在视图区中双击鼠标中键，打开"编辑基本拉伸"对话框，输入"深度"为"15"，如图 3-3 所示，单击"确定"按钮。

图 3-2　"创建部件"对话框

图 3-3　"编辑基本拉伸"对话框

> 提示：上述倒圆角特征在模型树中的位置是部件/Part-guagou/特征（1）/Solid extrude-1。

3.2.3　定义材料属性

（1）在环境栏的"模块"下拉列表框中选择"属性"选项，进入材料属性编辑界面。单击工具区中的"创建材料"按钮，打开"编辑材料"对话框，默认名称为"Material-1"。

（2）在"材料行为"选项组中依次选择"力学"→"弹性"→"弹性"选项。此时，在下方出现的数据表中依次设置"杨氏模量"为"210000"、"泊松比"为"0.3"，如图 3-4 所示，保持其余参数不变，单击"确定"按钮。

> 提示：上述材料属性在模型树中的位置是材料/Material-1。

图 3-4　"编辑材料"对话框

3.2.4　定义和指派截面属性

（1）单击工具区中的"创建截面"按钮，打开"创建截面"对话框，默认名称为"Section-1"，采用默认设置，如图 3-5 所示。单击"继续"按钮，打开"编辑截面"对话框，在"材料"下拉列表框中选择"Material-1"选项，其他各项不变，如图 3-6 所示，单击"确定"按钮。

提示：上述截面属性在模型树中的位置是截面/Section-1。

（2）单击工具区中的"指派截面"按钮，在视图区选择整个模型，单击提示区中的"完成"按钮（或在视图区单击鼠标中键），打开"编辑截面指派"对话框，如图 3-7 所示，在"截面"下拉列表框中选择"Section-1"选项，单击"确定"按钮，操作完成后模型变为绿色。

图 3-5　"创建截面"对话框　　图 3-6　"编辑截面"对话框　　图 3-7　"编辑截面指派"对话框

3.2.5　定义装配

在"模块"下拉列表框中选择"装配"选项，执行菜单栏中的"实例"→"创建"命令，打开"创建实例"对话框，保持各项默认值，如图 3-8 所示，单击"确定"按钮。

图 3-8 "创建实例"对话框

💡 **提示：** 上述装配属性在模型树中的位置是装配/实例/Part-guagou-l。

3.2.6 设置分析步

1. 创建分析步

在"模块"下拉列表框中选择"分析步"选项，进入分析步编辑界面，分别创建以下分析步。

（1）分析步 1（Step-1）：单击工具区中的"创建分析步"按钮➡️▣，打开"创建分析步"对话框，保持"名称"默认值"Step-1"、"程序类型"默认值"通用"，并选择"静力，通用"类型，如图 3-9 所示。单击"继续"按钮 继续… ，打开"编辑分析步"对话框，选择"增量"选项卡，在"初始增量步大小"文本框中输入"0.3"，在"最小增量步大小"文本框中输入"1E-05"，如图 3-10 所示，单击"确定"按钮 确定 。

图 3-9 "创建分析步"对话框

图 3-10 "编辑分析步"对话框

（2）分析步 2（Step-2）：单击工具区中的"创建分析步"按钮➡️▣，打开"创建分析步"对话框，保持各项的默认值，单击"继续"按钮 继续… ，打开"编辑分析步"对话框，保持各项的默认值，单击"确定"按钮 确定 。

在创建上述分析步的过程中，保持各项参数默认值不变，创建完毕后单击工具区中的"分析步管理器"按钮▦，打开"分析步管理器"对话框，可以查看所创建的分析步，如图 3-11 所示。

2. 设置待输出的场变量

（1）设置场变量输出结果，单击工具区中的"场输出管理器"按钮，在打开的"场输出请求管理器"对话框中可以看到，ABAQUS/CAE 已经自动创建了一个名为"F-Output-1"的场变量输出控制，它在分析步1中开始起作用，并自动延续到分析步2中，如图3-12所示。

图 3-11 "分析步管理器"对话框

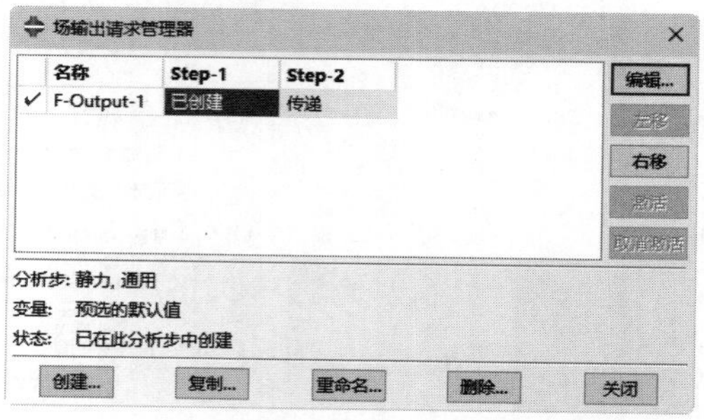

图 3-12 "场输出请求管理器"对话框

（2）单击"编辑"按钮，在打开的"编辑场输出请求"对话框中选中"应力"复选框，然后单击展开"应力"列表，在下一级中选中"S，应力分量和不变量"复选框；使用同样的方法在"位移/速度/加速度"列表中选中"U，平移和转动"复选框，然后取消选中"应变""作用力/反作用力""接触"复选框。这样，分析过程中将只输出两种场变量：应力结果"S"和位移结果"U"，如图3-13所示，单击"确定"按钮，返回"场输出请求管理器"对话框，单击"关闭"按钮。

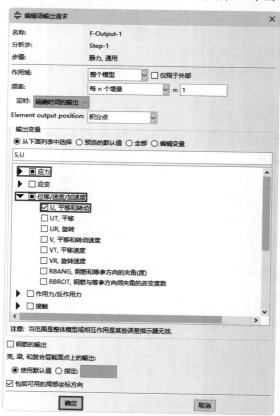

图 3-13 "编辑场输出请求"对话框

> 💡 提示：通常情况下，接受 ABAQUS/CAE 默认的场变量和历程变量输出结果即可。如果希望减小输出文件的规模，或者需要输出某些特殊的变量结果，则可进行上述设置。

> 💡 提示：上述场变量输出结果在模型树中的位置是场输出请求（1）/F-Output-1。

3.2.7 划分网格

在"模块"下拉列表框中选择"网格"选项，进入网格模块，在窗口顶部的环境栏"对象"选项中选中"部件"单选按钮，然后在后面的下拉列表中选择"Part-guagou"，即对部件 Part-guagou 划分网格，而不是对整个装配件划分网格（因为支架是非独立实体）。

当前部件显示为黄色，可以采用默认的扫掠方式来生成网格。

1．设置全局种子

单击工具区中的"种子部件"按钮，打开"全局种子"对话框，将"近似全局尺寸"设置为"1"，如图 3-14 所示，单击"确定"按钮，此时提示区中显示"布种定义完毕"，单击后面的"完成"按钮，完成种子定义。

2．定义网格属性

单击工具区中的"指派网格控制属性"按钮，打开"网格控制属性"对话框，设置"单元形状"为"六面体"，"技术"为"扫掠"，"算法"为"进阶算法"，如图 3-15 所示，单击"确定"按钮。

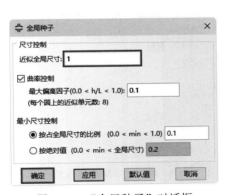

图 3-14 "全局种子"对话框

图 3-15 "网格控制属性"对话框

3．设定单元类型

单击工具区中的"指派单元类型"按钮，在视图区中将部件全选，并单击鼠标中键，打开"单元类型"对话框，将"几何阶次"设为"二次"，其他选项保持默认值，此时的单元类型为 C3D20R，如图 3-16 所示，单击"确定"按钮。

4．划分网格

（1）单击工具区中的"为部件划分网格"按钮，在视图区中单击鼠标中键，网格划分完成，如图 3-17 所示。

（2）检验网格质量。在工具区中单击"检查网格"按钮，画一个矩形框来选中部件，单击提示区中的"完成"按钮。在打开的"检查网格"对话框中选择"分析检查"选项卡，然后单击"高亮"按钮 高亮 ，如图 3-18 所示。如果模型中没有单元显示为黄色或红色，则说明网格划分没有问题。窗口底部信息区中显示了所选中区域的单元总数。

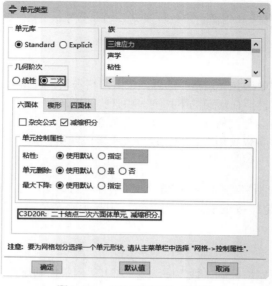

图 3-16　"单元类型"对话框

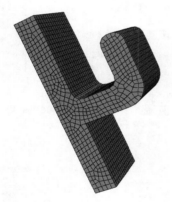

图 3-17　为部件划分网格

图 3-18　"检查网格"对话框

（3）单击工具栏中的"保存模型数据库"按钮，保存模型。

3.2.8　定义集合和载荷施加面

在"模块"下拉列表框中选择"载荷"选项，进入载荷编辑界面。

1. 定义集合

执行菜单栏中的"工具"→"集"→"管理器"命令，打开"设置管理器"对话框，依次创建下列集合。

（1）Set-Fix 集合：挂钩上施加固支边界条件的端面。

在"设置管理器"对话框中单击"创建"按钮 创建... ，打开"创建集"对话框，在"名称"文本框中输入"Set-Fix",如图 3-19 所示,单击"继续"按钮 继续... 。选中如图 3-21(a)中所示端面,在视图区单击鼠标中键确认,Set-Fix 集合建立完毕。

💡 **提示**:*在选择各个端面的过程中按住 Shift 键。*

(2)Set-Symm 集合:挂钩上施加对称约束的各端面。

在"设置管理器"对话框中单击"创建"按钮 创建... ,在打开的"创建集"对话框的"名称"文本框中输入"Set-Symm",单击"继续"按钮 继续... 。选中如图 3-21(b)中所示端面,在视图区单击鼠标中键确认,Set-Symm 集合建立完毕。

2. 定义压力载荷面

执行菜单栏中的"工具"→"表面"→"创建"命令,打开"创建表面"对话框,在"名称"文本框中输入"Surf-P",如图 3-20 所示,单击"继续"按钮 继续... 。选中如图 3-21(c)中所示端面,在视图区单击鼠标中键确认,Surf-P 集合建立完毕。

图 3-19　"创建集"对话框　　　图 3-20　"创建表面"对话框

3. 定义切应力载荷面

执行菜单栏中的"工具"→"表面"→"创建"命令,打开"创建表面"对话框,在"名称"文本框中输入"Surf-S",单击"继续"按钮 继续... 。选中如图 3-21(d)所示端面,在视图区单击鼠标中键确认,Surf-S 集合建立完毕。

(a)Set-Fix 集合　　　(b)Set-Symm 集合　　　(c)Surf-P 集合　　　(d)Surf-S 集合

图 3-21　定义约束集合

3.2.9　边界条件和载荷

1. 定义边界条件

在 3.2.8 节中已对施加固支边界条件及对称边界条件的区域创建了集合,本小节可直接定义部件的边界条件。单击工具区中的"创建边界条件"按钮 ,打开"创建边界条件"对话框,在"名称"文本框中输入"BC-Fix",设置"分析步"为"Initial"(初始步),如图 3-22 所示,单击"继续"按钮 继续... 。

查看图片

在提示区中单击"集"按钮，打开"区域选择"对话框，选择"Set-Fix"选项，如图 3-23 所示，单击"继续"按钮 继续... ，在打开的"编辑边界条件"对话框中选中"完全固定（U1=U2=U3=UR1=UR2=UR3=0）"单选按钮，如图 3-24 所示，单击"确定"按钮 确定 。

图 3-22 "创建边界条件"对话框

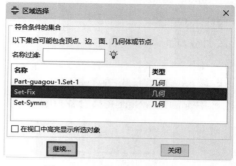

图 3-23 "区域选择"对话框

用同样的方法创建边界条件"BC-Symm"，设置"分析步"为"Initial"（初始步），在"区域选择"对话框中选择"Set-Symm"选项，在"编辑边界条件"对话框中选中"ZSYMM（U3=UR1=UR2=0）"单选按钮。单击工具区中的"边界条件管理器"按钮 ，可以看到，上述创建的边界条件已列于表中，如图 3-25 所示，施加边界条件后的模型如图 3-26 所示。

图 3-24 "编辑边界条件"对话框

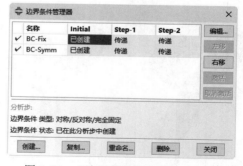

图 3-25 "边界条件管理器"对话框

2. 定义载荷

定义载荷随时间变化的幅值。在"模块"下拉列表框中选择"载荷"模块，执行菜单栏中的"工具"→"幅值"→"创建"命令，打开"创建幅值"对话框，保持各项的默认值，单击"继续"按钮 继续... ，在打开的"编辑幅值"对话框中设置如图 3-27 所示的"时间/频率"和"幅值"。按 Enter 键就可以添加新的数据行，然后单击"确定"按钮 确定 。

💡 **提示**：在"编辑幅值"对话框中，"时间跨度"的默认设置为"分析步时间"，如果将其改为"总时间"，就是整个分析过程中所有分析步的总体时间。

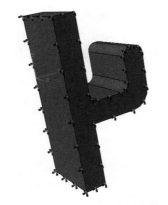

图 3-26 施加边界条件后的模型　　　　图 3-27 "编辑幅值"对话框

> 💡 **提示**：在"编辑幅值"对话框中的数据表上右击，就可以进行下列操作：剪切/复制/粘贴数据、插入/删除数据行、清除表格、从文件中读入数据和创建 XY 数据。

3．定义压力

单击工具区中的"载荷管理器"按钮▦，在打开的"载荷管理器"对话框中单击"创建"按钮 创建... ，打开"创建载荷"对话框，在"名称"文本框中输入"Load-P"，设置"分析步"为"Step-1"，载荷类型为"力学"→"压强"，如图 3-28 所示，然后单击"继续"按钮 继续... 。在打开的"区域选择"对话框中选择"Surf-P"选项，单击"继续"按钮 继续... ，如图 3-29 所示。在打开的"编辑载荷"对话框中，设置"大小"为"1000"、"幅值"为"Amp-1"，如图 3-30 所示，单击"确定"按钮 确定 。

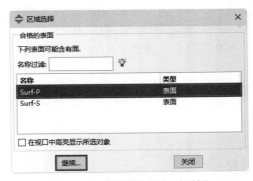

图 3-28 "创建载荷"对话框　　　　　图 3-29 "区域选择"对话框

> 💡 **提示**：上述载荷在模型树中的位置是载荷/Load-P。

> 💡 **提示**：默认情况下，所有在前一个分析步中定义的载荷都会延续到后面的分析步中。根据载荷所遵循的幅值类型，有两种可能：如果载荷所遵循的幅值是基于单个分析步时间的（如本实例中的载荷），或者遵循默认的 Ramp 幅值，那么此载荷将保持任意一个分析步结束时的大小；如果载荷所遵循的幅值是基于所有分析步的总体时间，那么此载荷将继续遵循此幅值的定义。

提示： 在一般分析步中，载荷必须以总量而不是以增量的形式给定。例如，如果在分析步 1 中有一个 10 kN 的集中载荷，而在分析步 2 中此载荷变为 40 kN，那么在这两个分析步中，对载荷的定义应该分别是 10 kN 和 40 kN，而不是 10 kN 和 30 kN。

4. 定义面载荷

（1）在"载荷管理器"对话框中再次单击"创建"按钮，在所打开对话框的"名称"文本框中输入"Load-S"，设置"分析步"为"Step-2"，载荷类型为"力学"→"表面载荷"，如图 3-31 所示，单击"继续"按钮。

图 3-30　"编辑载荷"对话框　　　图 3-31　"创建载荷"对话框

（2）在打开的"区域选择"对话框中选择"Surf-S"选项，如图 3-32 所示，单击"继续"按钮。在打开的"编辑载荷"对话框中，保持"牵引力"为默认的"剪切"，单击"投影前的向量"后面的"编辑"按钮，在提示区可以看到，向量的起始点坐标为（0.0,0.0,0.0），按 Enter 键确认，然后在提示区中输入向量的终点坐标（0.0,10.0,0.0），再次按 Enter 键确认。在重新出现的"编辑载荷"对话框中，设置"大小"为"20"，保持"幅值"为默认的"（Ramp）"，单击"确定"按钮，如图 3-33 所示。施加载荷后的模型如图 3-34 所示。

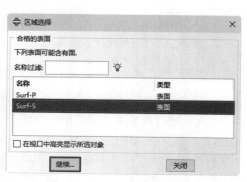

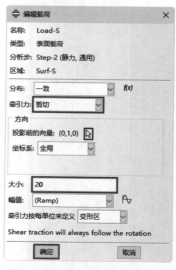

图 3-32　"区域选择"对话框　　　图 3-33　"编辑载荷"对话框

（3）在"载荷管理器"对话框中可以看到，名为"Load-P"的载荷在分析步"Step-1"中开始起作用，并"传递"到分析步"Step-2"中，如图 3-35 所示。

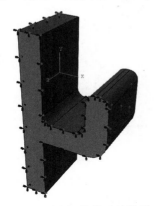

图 3-34 施加载荷后的模型

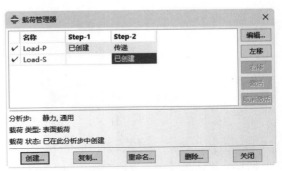

图 3-35 "载荷管理器"对话框

视频演示

3.2.10 提交分析作业

（1）在"模块"下拉列表框中选择"作业"选项，单击工具区中的"作业管理器"按钮，打开"作业管理器"对话框，单击"创建"按钮，打开"创建作业"对话框，"名称"设为"Job-guagou"，如图 3-36 所示。单击"继续"按钮，打开"编辑作业"对话框，保持各项默认值不变，如图 3-37 所示，单击"确定"按钮。

图 3-36 "创建作业"对话框

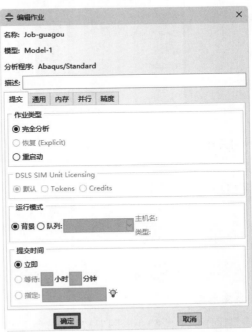

图 3-37 "编辑作业"对话框

（2）此时新创建的作业显示在"作业管理器"对话框中，如图 3-38 所示。单击工具栏中的"保

Note

存模型数据库"按钮![按钮]，保存所建立的模型，然后单击"提交"按钮 提交 ，提交分析作业。

图 3-38　"作业管理器"对话框

（3）单击"监控"按钮 监控... ，打开"Job-guagou 监控器"对话框进行分析，分析完成后的结果如图 3-39 所示，单击"关闭"按钮 关闭 ，关闭该对话框，然后单击"结果"按钮 结果 ，进入"可视化"模块。

分析步	增量步	属性	不连续的选	等效迭代数	总迭代数	总时间/频率	分析步时间/LP	时间/LPF增量
1	1	1	0	1	1	0.3	0.3	0.3
1	2	1	0	1	1	0.6	0.6	0.3
1	3	1	0	1	1	1	1	0.4
2	1	1	0	1	1	2	1	1

作业: Job-guagou　状态: 已完成

日志　错误　警告　输出　数据文件　Message文件　Status 文件

已完成: Abaqus/Standard

已完成: Mon Aug 15 11:28:03 2022

查找文本

查找文本：　　　　　　　　　　□匹配大小写　⬇下一个　⬆前一个

中断　　　　　　关闭

图 3-39　"Job-guagou 监控器"对话框

3.2.11　后处理

如上文所述，在"作业"模块中完成分析计算后可以直接进入"可视化"模块进行后处理。除此之外，还可以按照以下方法来查看分析结果：在 ABAQUS/CAE 或 ABAQUS/Viewer 中执行"文件"→"打开"命令，在打开的"打开数据库"对话框中选择与分析作业同名的 ODB 文件，单击 OK 按钮。

📝 **提示：** 在安装 ABAQUS 时可以设置 ABAQUS 输出文件和分析结果文件的默认工作目录。

1. 显示变形图

单击工具区中的"绘制变形图"按钮![按钮]，显示出变形后的网格模型。

2. 显示云纹图

单击工具区中的"在变形图上绘制云图"按钮![按钮]，显示出最后一个分析步结束时的 Mises 应力云纹图，如图 3-40 所示。

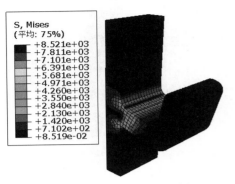

（a）第一个分析步结束后的应力场

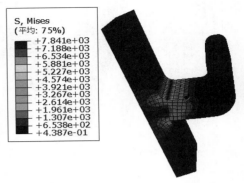

（b）第二个分析步结束后的应力场

图 3-40　Mises 应力云纹图

3. 逐个显示各个时间增量步

单击视图区上方的"上一个"按钮◀或"下一个"按钮▶，可以逐个显示各个时间增量步下的云纹图。单击"第一个"按钮◀◀或"最后一个"按钮▶▶可以直接跳至当前分析步的开始或结束时刻。

4. 位移云纹图

执行菜单栏中的"结果"→"场输出"命令，在打开的"场输出"对话框中选择"U 空间位移 在结点处"，输出变量为"不变量：Magnitude"，如图 3-41 所示，单击"确定"按钮，视图区会显示出位移的云纹图，如图 3-42 所示。

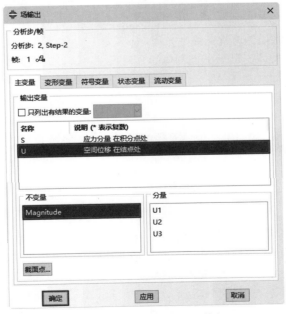

图 3-41　"场输出"对话框

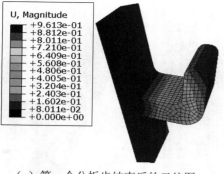
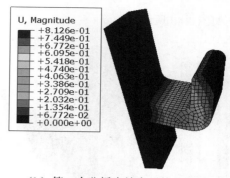

（a）第一个分析步结束后的云纹图　　　　　　　（b）第二个分析步结束后的云纹图

图 3-42　位移云纹图

3.3　弹性体的 5 个基本假设

实际问题中的物体在力的作用下会发生很复杂的变形，其中包括弹性变形、塑性变形、弹塑性变形等多种情况。其中很大一部分属于弹性变形的情况，为了突出问题的实质，并使其简单化和抽象化，在弹性力学中对弹性体提出了以下 5 个基本假设。

☑　物体内的物质连续性假定：即认为物质中没有空隙，因此可以采用连续函数来描述对象。

☑　物体内的物质均匀性假定：即认为物体内各个位置的物质具有相同的特性，因此，各个位置材料的描述是相同的。

☑　物体内的物质（力学）特性各项同性假定：即认为物体内同一位置的物质在各个方向上具有相同的特性，因此，同一位置材料在各个方向上的描述是相同的。

☑　线弹性假定：即物体变形与外力作用的关系是线性的，外力去除后，物体可以恢复原状，因此，描述材料性质的方程是线性方程。

☑　小变形假定：即物体变形远小于物体的几何尺寸，因此，在建立方程时，可以忽略高阶小量（二阶以上）。

虽然以上基本假定和实际情况有一定的差别，但是从宏观尺度来看，特别是对于工程问题，大多数情况下还是比较接近实际的。

以上 5 个基本假定的最大作用就是可以对复杂的对象进行简化处理，以抓住问题的实质。

3.4　本章小结

本章通过分析讲解挂钩承重的工程应用实例，进一步加深了读者对使用 ABAQUS 进行建模、添加属性、创建分析步、施加边界条件与载荷、网格划分及后处理等过程的理解。3.2 节中给出了挂钩承重的详细模拟过程，使读者充分了解应用 ABAQUS 进行线性结构静力分析的一般性步骤和方法。

第4章

接触分析

　　本章将重点介绍如何使用 ABAQUS 进行接触问题的求解，使读者了解和掌握使用 ABAQUS 分析接触问题的步骤和方法。

　　大部分工程问题都会涉及两个或两个以上的部件之间的接触。在有限元分析中，接触条件是一类不同于其他条件的不连续约束，它允许力从模型的一部分传递到另一个部分。因为只有当两个物体表面发生接触时才会产生约束，而当两个接触的面分开时，约束作用也会随之消失，所以这种约束是不连续的。

　　☑　熟悉圆盘与平板模型的接触仿真分析。

　　☑　熟悉冲模过程仿真分析。

任务驱动&项目案例

4.1 ABAQUS 接触功能概述

因为 ABAQUS/Standard 和 ABAQUS/Explicit 中的接触模拟功能不尽相同，本章将对它们分别进行讨论，并在最后提供两者功能的比较。

ABAQUS/Standard 中的接触模拟或者是基于表面或者是基于接触单元。因此，必须在模型的各个部件上创建可能发生接触的表面。然后，必须判断哪一对表面可能发生接触，定义为接触对。必须定义控制各接触面之间相互作用的模型，这些接触面相互作用的定义包括摩擦行为等。

ABAQUS/Explicit 中的接触模拟可以利用接触算法或者接触对算法。通常定义一个接触模拟只需简单地指定将会发生接触作用的表面和所用到的接触算法。在某些情况下，当默认的接触设置不满足假设所需时，可以指定接触模拟的设置，例如，考虑摩擦的相互作用力学模型。

4.2 定义接触面

表面是由其下层材料的单元面来创建的。本节的讨论假设是在 ABAQUS/CAE 中定义表面。"ABAQUS Analysis User's Manual" 的第 2.3 节 "定义表面" 中讨论了关于在 ABAQUS 中可以创建的各类表面的条件，在开始接触模拟之前请先阅读了解这部分内容。

1. 实体单元上的接触面

对于二维和三维的实体单元，可以通过在视图区中选择部件实体的区域来指定部件中接触表面的部分。

2. 结构、面和刚体单元上的表面

对于定义在结构、表面和刚体单元上的接触面，有 4 种方法：单侧表面、双侧表面、基于边界的表面和基于节点的表面。仅在 ABAQUS/Explicit 中可以使用双侧表面。

应用单侧表面时，必须指明是单元的哪个面来形成接触面。在正单元法向方向的面称为 SPOS，而在负单元法向方向的面称为 SNEG，单元的节点次序定义了正单元法向。可以在 ABAQUS/CAE 中查看正单元法向。

ABAQUS/Explicit 中的双侧表面更为常用，因为它自动地包括了 SPOS 和 SNEG 两个面以及所有的自由边界。接触既可以发生在构成双侧接触面单元的面上，也可以发生在单元的边界上。例如，在分析的过程中，一个从属节点可以从双侧表面的一侧出发，并经过边界到达另一侧。目前，对于三维的壳、膜、面和刚体单元，仅在 ABAQUS/Explicit 中有双侧表面的功能。通用接触算法和在接触对中的自接触算法强化了在所有的壳、膜、面和刚体表面的双面接触，即使它们只定义了单侧表面。

3. 刚性表面

刚性表面是刚性体的表面，可以将其定义为一个解析形状，或者是基于与刚体相关的单元的表面。

解析刚性表面有 3 种基本形式。在二维中，一个解析刚性表面是一个二维的分段刚性表面。可以在模型的二维平面上应用直线、圆弧和抛物线弧定义表面的横截面。定义三维刚性表面的横截面时，可以在用户指定的平面上应用对于二维问题相同的方式定义，然后由这个横截面绕一个轴扫掠形成一个旋转表面，或沿一个矢量拉伸形成一个长的三维表面。

解析刚性表面的优点在于，只用少量的几何点便可以定义，并且计算效率很高。但是在三维情况下，应用解析刚性表面所能够创建的形状范围是有限的。

离散形式的刚性表面是基于构成刚性体的单元面，这样，它们可以创建比解析刚性表面几何上更为复杂的刚性面。定义离散刚性表面的方法与定义可变形体表面的方法完全相同。

目前，在 ABAQUS/Explicit 中解析刚性表面还只能应用于接触对算法。

4.3　接触面间的相互作用

接触面之间的相互作用包含两个部分：一部分是接触面间的法向作用；另一部分是接触面间的切向作用。切向作用包括接触面间的相对运动（滑动）和可能存在的摩擦剪应力。每一种接触相互作用都可以代表一种接触特性，它定义了在接触面之间相互作用的模型。在 ABAQUS 中有几种接触相互作用的模型，默认的模型是没有粘结的无摩擦模型。

4.3.1　接触面的法向行为

两个表面分开的距离称为间隙。当两个表面之间的间隙变为零时，则认为在 ABAQUS 中施加了接触约束。在接触问题的公式中，对接触面之间能够传递的接触压力的量值未做任何限制。当接触面之间的接触压力变为零或负值时，两个接触面分离，并且约束被移开。这种行为代表了"硬"接触。

当接触条件从"开"（间隙值为正）到"闭"（间隙值等于零）时，接触压力会发生剧烈变化，有时可能会使得在 ABAQUS/Standard 中的接触模拟难以完成。但是在 ARAQUS/Explicit 中则不是如此，其原因是对于显式算法不需要迭代。

4.3.2　表面的滑动

除了要确定在某一点是否发生接触，一个 ABAQUS 分析还必须计算两个表面之间的相互滑动。这可能是一个非常复杂的计算，因此，ABAQUS 在分析时区分了哪些滑动的量级是小的、哪些滑动的量级可能是有限的问题。对于在接触表面之间是小滑动的模型问题，其计算成本是很小的。对于"小滑动"没有系统的定义，不过可以遵循一个一般的原则：对于一点与一个表面接触的问题，只要该点的滑动量是单元尺寸的一小部分，就可以近似地应用"小滑动"。

4.3.3　摩擦模型

当表面发生接触时，在接触面之间一般传递切向力和法向力。这样，在分析中就要考虑阻止表面之间相对滑动的摩擦力。库仑摩擦是经常用来描述接触面之间相互作用的摩擦模型，该模型应用摩擦系数 μ 来表征两个表面之间的摩擦行为。

默认的摩擦系数为零。在表面拽力达到一个临界剪应力值之前，切向运动一直保持为零。根据下面的方程可知，临界剪应力取决于法向接触压力：

$$T_{\mathrm{crit}} = \mu p$$

式中，μ 是摩擦系数；p 是两接触面之间的接触压力。这个方程给了接触表面的临界摩擦剪应力。直到接触面之间的剪应力等于临界摩擦剪应力 μp 时，接触面之间才会发生相对滑动。对于大多数表面，μ 通常是小于单位 1 的，库仑摩擦可以用 μ 或 T_{crit} 定义。库仑摩擦模型的行为：当它们处于粘结

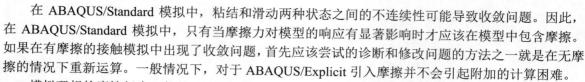

状态时（剪应力小于 μp），表面之间的相对运动（滑动）为零。如果两个接触表面是基于单元的表面，则也可以指定摩擦应力极限。

在 ABAQUS/Standard 模拟中，粘结和滑动两种状态之间的不连续性可能导致收敛问题。因此，在 ABAQUS/Standard 模拟中，只有当摩擦力对模型的响应有显著影响时才应该在模型中包含摩擦。如果在有摩擦的接触模拟中出现了收敛问题，首先应该尝试的诊断和修改问题的方法之一就是在无摩擦的情况下重新运算。一般情况下，对于 ABAQUS/Explicit 引入摩擦并不会引起附加的计算困难。

模拟理想的摩擦行为可能是非常困难的。因此，在大多数情况下，ABAQUS 使用一个允许"弹性滑动"的罚摩擦公式。"弹性滑动"是在粘结的接触面之间所发生的小量的相对运动。ABAQUS 自动地选择刚度（虚线的斜率），因此这个允许的"弹性滑动"是单元特征长度的很小一部分。罚摩擦公式适用于大多数问题，包括在大部分金属成形问题中的应用。

在那些必须包含理想的粘结/滑动摩擦行为的问题中，可以在 ABAQUS/Standard 中使用拉格朗日摩擦公式和在 ABAQUS/Explicit 中使用动力学摩擦公式。二者相比，拉格朗日摩擦公式更加消耗计算机资源，因为对于每个采用摩擦接触的表面节点，ABAQUS/Standard 应用附加的变量。另外，其求解的收敛速度更慢，一般需要附加的迭代。在本书中不讨论这种摩擦公式。

在 ABAQUS/Explicit 中摩擦约束的动力学施加方法是基于预测/修正算法。在预测模型中，应用与节点相关的质量、节点滑动的距离和时间增量来计算用于保持另一侧表面上节点位置所需的力。如果在节点上应用这个力计算得到的切应力大于 T_{crit}，则表面是在滑动的，并施加了一个相应于 T_{crit} 的力。在任何情况下，对于在处于接触中的从属节点与主控表面的节点上，这个力将导致沿表面切向的加速度修正。

通常，从粘结条件下进入初始滑动的摩擦系数不同于已经处于滑动中的摩擦系数，前者代表了静摩擦系数，而后者代表了动摩擦系数。在 ABAQUS 中使用指数衰减规律来模拟静摩擦和动摩擦之间的转换。在本书中不讨论这种摩擦公式。

因为模型中包含了摩擦，所以在 ABAQUS/Standard 的求解方程组中增加了非对称项。如果 μ 小于 0.2，那么这些非对称项的量值和影响都非常小，并且正则、对称求解器工作效果也很好（除非接触面具有很大的曲率）；对于更高的摩擦系数，将自动地采用非对称求解器，因此它将改进收敛的速度。非对称求解器所需的计算机内存和硬盘空间是对称求解器的 2 倍，大的 μ 值通常并不会在 ABAQUS/Explicit 中引起任何困难。

4.3.4　其他接触相互作用选项

ABAQUS 中的其他接触相互作用模型取决于分析程序和使用的算法，并可能包括粘性接触行为、软接触行为、扣紧（如点焊）和粘性接触阻尼。在本书中没有讨论这些模型，关于它们的详细信息请参阅"ABAQUS Analysis User's Manual"。

4.3.5　基于表面的约束

在模拟过程中，束缚约束用来将两个面束缚在一起，在从属面上的每一个节点被约束为与在主控表面上距它最接近的点具有相同的运动。对于结构分析，这意味着约束了所有平移（也可以选择包括转动）自由度。

ABAQUS 应用未变形的模型结构以确定哪些从属节点将被束缚到主控表面上。在默认情况下，束缚了位于主控表面上给定距离之内的所有从属节点，这个默认的距离是基于主控表面上的典型单元尺度。可以通过两种方式使这个默认值失效：一种是从被约束的主控表面上指定一个距离，并使从属节点位于其中；另一种是指定一个包括所有需要约束节点的节点集合。也可以调整从属节点，使其刚好位于主控表面上。如果必须调整从属节点跨过一定的距离，而它是从属节点所附着的单元侧面上一大段长度，那么单元可能会严重扭曲，所以应尽可能地避免大的调整。对于在不同密度的网格之间加速网格细划，束缚约束是特别有用的。

4.4　在 ABAQUS/Standard 中定义接触

在 ABAQUS/Standard 中，若想在两个结构之间定义接触，首先是要创建表面，下一步是创建接触相互作用，使两个可能发生相互接触的表面成对，然后定义控制发生接触表面行为的力学性能模型。

4.4.1　接触相互作用

在 ABAQUS/Standard 模拟中，通过将接触面的名字赋予一个接触的相互作用来定义两个表面之间可能发生的接触。如同每个单元都必须具有一种单元属性一样，每个接触相互作用必须赋予一种接触属性。接触属性中包含了本构关系，诸如摩擦和接触压力与间隙的关系。

当定义接触相互作用时，必须确定相对滑动的量级是小滑动还是有限滑动，默认的是更为普遍的有限滑动公式。如果两个表面之间的相对运动小于一个单元面上特征长度的一个小的比值，则适合应用小滑动公式。在许可的条件下使用小滑动公式可以提高分析的效率。

4.4.2　从属和主控表面

ABAQUS/Standard 使用单纯主从接触算法：在一个表面（从属表面）上的节点不能侵入另一个表面（主控表面）的某一部分。该算法并没有对主面做任何限制，它可以在从面的节点之间侵入从面。

这种严格的主从关系导致用户必须非常小心和正确地选择主面和从面，从而获得最佳可能性的接触模拟，一些简单的规则如下。

（1）从面应该是网格划分更精细的表面。

（2）如果网格密度相近，从面应该取自采用较软材料的表面。

4.4.3　小滑动与有限滑动

当应用小滑动公式时，ABAQUS/Standard 在模拟开始时就建立了从面节点与主控表面之间的关系，并确定了在主控表面上哪一段将与从面上的每个节点发生相互作用。在整个分析过程，都将保持这些关系，绝不会改变主面部分与从面节点的相互作用关系。如果在模型中包括了几何非线性，小滑动算法将考虑主面的任何转动和变形，并更新接触力传递的路径；如果在模型中没有考虑几何非线性，则忽略主面的任何转动或变形，载荷的路径保持不变。

有限滑动接触公式要求 ABAQUS/Standard 经常地确定与从面的每个节点发生接触的主面区域。这是一个相当复杂的计算，尤其是当两个接触物体都是变形体时。这种模拟中的结构可以是二维的或者是三维的。ABAQUS/Standard 也可以模拟一个变形体的有限滑动自接触问题。

变形体与刚性表面之间接触的有限滑动公式不像两个变形体之间接触的有限滑动公式那么复杂，主面是刚性面的有限滑动模拟可以应用在二维和三维的模型上。

4.5   实例——圆盘与平板模型的接触仿真分析

4.5.1   实例描述

下面将分析二维圆盘与平板的接触实例，模型顶部有一个刚性的（无弹性和塑性变形）圆盘，圆盘的底部与平板上沿部分相接触（见图 4-1），在圆盘上沿着 Y 轴负方向施加 10 kN 的集中力。接触面润滑良好且无摩擦。除接触力之外，平板不承受其他载荷。要求分析模型的受力状态。

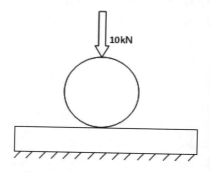

图 4-1   圆盘与平板模型示意图

☑   此问题研究的是结构的静态响应，使用 ABAQUS/Standard 作为求解器，所以分析步类型应为"静力，通用"。

☑   在接触分析中，如果接触属性为默认的"硬接触"，则应尽可能使用"一阶单元"，本实例选用 CPS4I 单元（平面应力四边形双线性非协调单元）。

☑   圆盘为刚性的，且几何形状简单，可以用解析刚体来模拟。

4.5.2   创建部件

1.   创建平板

单击工具区中的"创建部件"按钮，打开"创建部件"对话框，在"名称"文本框中输入"Part-ban"，设置"模型空间"为"二维平面"、"类型"为"可变形"，如图 4-2 所示，然后单击"继续"按钮。

进入草图模块后，单击工具区中的"创建线：矩形（四条线）"按钮，在视图区下方输入矩形第一个点的坐标（-20,10），然后再输入第二个点的坐标（20,0），双击鼠标中键，即完成平板的绘制。

2.   创建圆盘

（1）单击工具区中的"创建部件"按钮，打开"创建部件"对话框，在"名称"文本框中输入"Part-pan"，设置"模型空间"为"二维平面"、"类型"为"解析刚性"，如图 4-3 所示，然后单击"继续"按钮。

（2）单击工具区中的"创建圆弧：圆心和两端点"按钮，在视图区下方输入圆心坐标（0,15），单击鼠标中键（或按 Enter 键），然后输入圆弧起始点坐标（0,10），单击鼠标中键，再输入圆弧的终点坐标（-5,15），单击鼠标中键，即完成圆盘轮廓的 1/4 圆弧。

Note

图 4-2　"创建部件"对话框 1

图 4-3　"创建部件"对话框 2

（3）根据上述方法，继续创建另外 3 段圆弧，创建圆弧所涉及的数据如表 4-1 所示。

表 4-1　圆弧数据

序　号	圆　心	起　始　点	终　点
1	（0,15）	（−5,15）	（0,20）
2	（0,15）	（0,20）	（5,15）
3	（0,15）	（5,15）	（0,10）

💡 提示：解析刚体的截面图形必须由线段、小于 180° 的弧线及抛物线组成，因此不能使用"创建圆：圆心和圆周"工具①绘制整个圆。

（4）在绘制完刚体部件后，必须为刚体部件指定一个参考点，刚体部件的边界条件和载荷都要施加在此参考点上，在分析过程中，整个刚体部件各处的位移都和此参考点的位移相同。执行菜单栏中的"工具"→"参考点"命令，然后单击刚体顶部的点，如图 4-4 所示。

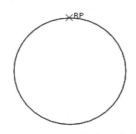

图 4-4　为刚体指定参考点

💡 提示：在"部件"模块下为部件所加的参考点，将隶属于这个部件。

4.5.3　定义材料属性

（1）在环境栏的"模块"下拉列表框中选择"属性"选项，选择"部件"为"Part-ban"，进入材料属性编辑界面。单击工具区中的"创建材料"按钮🗒，打开"编辑材料"对话框，如图 4-5 所示，默认名称为"Material-1"。

图 4-5　"编辑材料"对话框

（2）在"材料行为"选项组中依次选择"力学"→"弹性"→"弹性"选项。此时，在下方出现的数据表中依次设置"杨氏模量"为"210000"、"泊松比"为"0.3"，保持其余参数不变，单击"确定"按钮 确定 。

4.5.4　定义和指派截面属性

1．创建截面

单击工具区中的"创建截面"按钮 ，打开"创建截面"对话框，默认名称为"Section-1"，保持其他项不变，如图 4-6 所示，单击"继续"按钮 继续... ，打开"编辑截面"对话框，在"材料"下拉列表框中选择"Material-1"选项，如图 4-7 所示，单击"确定"按钮 确定 。

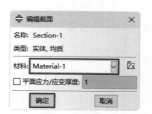

图 4-6　"创建截面"对话框　　　　图 4-7　"编辑截面"对话框

2．指派截面属性

单击工具区中的"指派截面"按钮 ，在视图区选择整个平板，单击提示区中的"完成"按钮 完成 （或在视图区单击鼠标中键），打开"编辑截面指派"对话框，在"截面"下拉列表框中选择"Section-1"

选项，如图 4-8 所示，单击"确定"按钮 确定 。

图 4-8 "编辑截面指派"对话框

4.5.5 定义装配

在"模块"下拉列表框中选择"装配"选项，执行菜单栏中的"实例"→"创建"命令，打开"创建实例"对话框，在"部件"选项组中选择"Part-ban"和"Part-pan"选项，保持各项默认值，如图 4-9 所示，单击"确定"按钮 确定 。

图 4-9 "创建实例"对话框

4.5.6 设置分析步

本模型的分析步将包含以下几个部分。

- ☑ Initial（初始分析步）：该分析步用来定义边界条件。
- ☑ 分析步 1：在圆盘上施加一个较小的力，使各个接触关系平稳地建立起来，以免把所有载荷都施加到模型上，导致分析无法收敛。
- ☑ 分析步 2：将圆盘上的作用力改为 100 kN。

在接触分析中，通常先定义一个只有很小位移载荷的分析步，让接触关系平稳地建立起来，然后在下一个分析步中再施加真实的载荷。这样虽然分析步的数目增加了，但是降低了收敛的困难度，计算时间反而会减少。

视 频 演 示

（1）在"模块"下拉列表框中选择"分析步"选项，进入分析步编辑界面。单击工具区中的"创建分析步"按钮➡️➡️，打开"创建分析步"对话框，分别创建以下分析步。

- ☑ 分析步1（Step-10kN）：在"名称"文本框中输入"Step-10kN"，类型选择"静力，通用"，其余选项不变，如图4-10所示，单击"继续"按钮 继续...。打开"编辑分析步"对话框，设置"几何非线性"为"开"，如图4-11所示，单击"确定"按钮 确定，完成分析步1的创建。

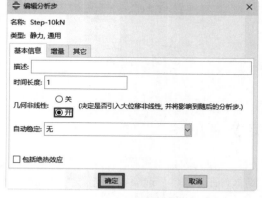

图4-10 "创建分析步"对话框　　　　图4-11 "编辑分析步"对话框

- ☑ 分析步2（Step-100kN）：在"名称"文本框中输入"Step-100kN"，类型选择"静力，通用"，其余选项不变，单击"继续"按钮 继续...。打开"编辑分析步"对话框，直接单击"确定"按钮 确定，完成分析步2的创建。

（2）创建完毕后，单击工具区中的"分析步管理器"按钮🖳，打开"分析步管理器"对话框，可以查看所创建的分析步，如图4-12所示。

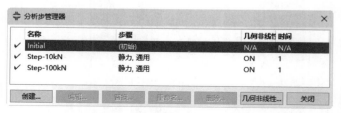

图4-12 "分析步管理器"对话框

4.5.7 划分网格

在"模块"下拉列表框中选择"网格"选项，进入网格功能界面，在窗口顶部的环境栏"对象"选项中选中"部件"单选按钮，然后在后面的下拉列表中选择"Part-ban"。

由于圆盘是解析刚体，因此在分析过程中不需要为其定义材料和截面属性，也不必为其划分网格。下面为平板划分网格。

1. 设置全局种子

单击工具区中的"种子部件"按钮🖳，打开"全局种子"对话框，设置"近似全局尺寸"为"1"，如图4-13所示，单击"确定"按钮 确定。此时提示区出现"布种定义完毕"，单击后面的"完成"按钮 完成，完成种子定义。

2. 定义网格属性

单击工具区中的"指派网格控制属性"按钮 ，打开"网格控制属性"对话框，设置"单元形状"为"四边形"、"技术"为"结构"，如图4-14所示，单击"确定"按钮 确定 。

图4-13 "全局种子"对话框

图4-14 "网格控制属性"对话框

3. 设定单元类型

单击工具区中的"指派单元类型"按钮 ，在视图区将部件全选，并单击鼠标中键，打开"单元类型"对话框，设置"几何阶次"为"线性"，其他选项保持默认值，此时的单元类型为CPS4R，如图4-15所示，单击"确定"按钮 确定 。

图4-15 "单元类型"对话框

4. 划分网格

单击工具区中的"为部件划分网格"按钮 ，在视图区单击鼠标中键，网格划分完成，如图4-16所示。

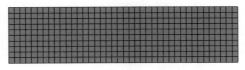

图4-16 为部件划分网格

4.5.8 定义接触

1. 定义各个接触面

（1）在"模块"下拉列表框中选择"相互作用"选项，进入相互作用模块，执行菜单栏中的"工具"→"表面"→"管理器"命令，打开"表面管理器"对话框，单击"创建"按钮 创建...，在"名称"文本框中输入"Surf-ban"，"类型"为"几何"，单击"继续"按钮 继续...。单击圆盘与平板相接触的面，如图 4-17（a）所示，然后在视图区单击鼠标中键确认。

（2）用类似的方法来定义 Surf-pan，由于圆盘是解析刚体，在创建面时 ABAQUS/CAE 会在提示区中显示"选择一边作为边：深红，黄色"，这时应选择刚体的外侧所对应的颜色，如图 4-17（b）所示。

（a）Surf-ban   （b）Surf-pan

图 4-17　定义部件接触面

> **提示：** 一对接触面的法向方向应该相反，都指向实体的外部。

2. 定义无摩擦的接触属性

单击工具区中的"创建相互作用属性"按钮，打开"创建相互作用属性"对话框，各项参数都保持默认值，单击"继续"按钮 继续...，打开"编辑接触属性"对话框，选择"力学"→"切向行为"选项，在"摩擦公式"下拉列表框中选择"无摩擦"选项，如图 4-18 所示，单击"确定"按钮 确定。

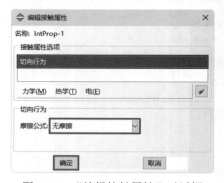

图 4-18　"编辑接触属性"对话框

> **提示：** 此处也可不对无摩擦属性进行定义，ABAQUS 中默认的接触属性即无摩擦，此处操作仅为使读者掌握定义摩擦接触属性的方法与途径。

3. 定义接触

（1）单击工具区中的"创建相互作用"按钮，打开"创建相互作用"对话框，在"分析步"下拉列表框中选择"Initial"（初始步）选项，如图 4-19 所示，然后单击"继续"按钮 继续...。此时要求选择"main surface"（主面），单击提示区中的"表面"按钮 表面... ，在打开的"区域选择"对话框中选择"Surf-pan"，如图 4-20 所示，再单击"继续"按钮 继续... 。

图 4-19　"创建相互作用"对话框　　　　　　图 4-20　"区域选择"对话框

（2）此时要求选择"secondary type"（次要类型），单击提示区中的"表面"按钮 表面... ，在打开的"区域选择"对话框中选择"Surf-ban"，单击"继续"按钮 继续... 。

提示：主面一般选择硬度相对较高的部件表面。执行菜单栏中的"相互作用"→"管理器"命令，在打开的"相互作用管理器"对话框中选中已定义的接触 Int-1 后面的"创建"选项，再单击"编辑"按钮，可以查看接触面的位置是否正确。

（3）在打开的"编辑相互作用"对话框中不改变默认的参数"滑移公式：有限滑移"，如图 4-21 所示，单击"确定"按钮 确定 。

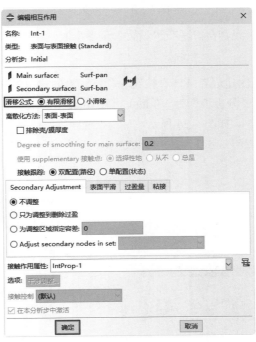

图 4-21　"编辑相互作用"对话框

4.5.9　定义边界条件和载荷

在"模块"下拉列表框中选择"载荷"选项，进入载荷编辑界面。

1. 定义集合

执行菜单栏中的"工具"→"集"→"管理器"命令，打开"设置管理器"对话框，依次创建下列集合。

（1）Set-Fix 集合：平板上施加固支边界条件的端面。

单击"创建"按钮 创建...，打开"创建集"对话框，在"名称"文本框中输入"Set-Fix"，单击"继续"按钮 继续...，选中如图 4-22（a）中所示的面，在视图区单击鼠标中键确认，Set-Fix 集合建立完毕。

（2）Set-Point 集合：圆盘上的参考点集合。

单击"创建"按钮 创建...，在打开对话框的"名称"文本框中输入"Set-Point"，单击"继续"按钮 继续...，选中圆盘部件顶端参考点 RP，如图 4-22（b）所示，在视图区单击鼠标中键确认。

（a）Set-Fix 集合　　　　　　　　　（b）Set-Point 集合

图 4-22　定义约束集合

集合定义完毕后，这两个集合会出现在"设置管理器"对话框中，如图 4-23 所示。

2. 定义边界条件

（1）单击工具区中的"创建边界条件"按钮 ，打开"创建边界条件"对话框，在"名称"文本框中输入"BC-Fix"，设置"分析步"为"Initial"（初始步），单击"继续"按钮 继续...。打开"区域选择"对话框，选择"Set-Fix"，如图 4-24 所示，单击"继续"按钮 继续...。在打开的"编辑边界条件"对话框中选中"完全固定（U1=U2=U3= UR1=UR2=UR3=0）"单选按钮，如图 4-25 所示。

图 4-23　"设置管理器"对话框

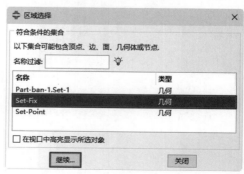

图 4-24　"区域选择"对话框

（2）用同样的方法创建边界条件 BC-Point，设置"分析步"为"Initial"（初始步），"可用于所选分析步的类型"为"位移/转角"，单击"继续"按钮[继续...]。在打开的"区域选择"对话框中选择"Set-Point"，单击"继续"按钮[继续...]。在打开的"编辑边界条件"对话框中选中"U1"和"UR3"复选框，如图 4-26 所示，单击"确定"按钮[确定]。

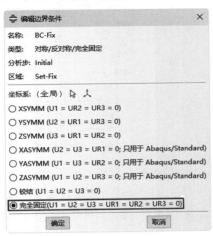

图 4-25　"编辑边界条件"对话框 1

图 4-26　"编辑边界条件"对话框 2

（3）单击工具区中的"边界条件管理器"按钮[图]，可以看到，上述创建的边界条件已列于表中，如图 4-27 所示。

3．定义载荷

（1）在分析步 1 中，首先对圆盘施加一个较小的力。单击工具区中的"创建载荷"按钮[图]，在打开的"创建载荷"对话框的"名称"文本框中输入"Load-Point"，设置"分析步"为第一个分析步"Step-10kN"，"可用于所选分析步的类型"为"集中力"，如图 4-28 所示，单击"继续"按钮[继续...]。在打开的"区域选择"对话框中选择"Set-Point"选项，如图 4-29 所示，单击"继续"按钮[继续...]。打开"编辑载荷"对话框，在"CF2"文本框中输入"–10"，如图 4-30 所示，单击"确定"按钮[确定]。

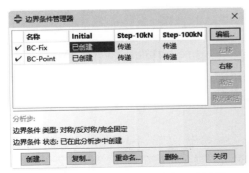

图 4-27　"边界条件管理器"对话框

图 4-28　"创建载荷"对话框

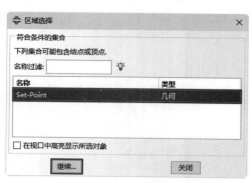

图 4-29 "区域选择"对话框

图 4-30 "编辑载荷"对话框

（2）在分析步 2 中，将圆盘所受外载荷升至 100 kN。单击工具区中的"载荷管理器"按钮 ，打开"载荷管理器"对话框，选择分析步"Step-100kN"下面的"传递"选项，如图 4-31 所示，然后单击"编辑"按钮 ，打开"编辑载荷"对话框，设置"CF2"为"−100"，如图 4-32 所示，单击"确定"按钮 。

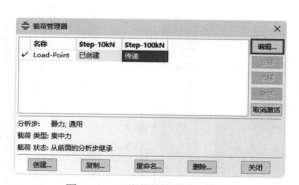

图 4-31 "载荷管理器"对话框

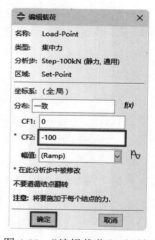

图 4-32 "编辑载荷"对话框

4.5.10 提交分析作业

（1）在"模块"下拉列表框中选择"作业"选项，单击工具区中的"作业管理器"按钮 ，打开"作业管理器"对话框，单击"创建"按钮 。打开"创建作业"对话框，设置"名称"为"Job-jiechu1"，如图 4-33 所示，单击"继续"按钮 。打开"编辑作业"对话框，保持各项默认值不变，单击"确定"按钮 。

（2）此时新创建的作业显示在"作业管理器"对话框中，如图 4-34 所示。单击工具栏中的"保存模型数据库"按钮 ，保存所创建的模型，然后单击"提交"按钮 ，提交分析作业。

（3）单击"监控"按钮 ，打开"Job-jiechu1 监控器"对话框并进行分析，分析完成后，单击"关闭"按钮 ，关闭对话框，然后单击"结果"按钮 ，进入"可视化"模块。

图 4-33 "创建作业"对话框　　　　图 4-34 "作业管理器"对话框

4.5.11 后处理

1. 显示 Mises 应力的云纹图和动画

在"可视化"模块中，单击"在变形图上绘制云图"按钮，以查看 Mises 应力的云纹图，如图 4-35 所示，单击"动画：时间历程"按钮，显示动画，查看分析结果是否异常。

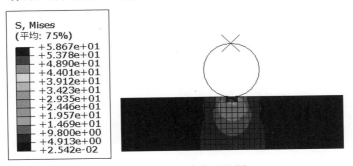

图 4-35　Mises 应力云纹图

2. 构造三维视图

（1）执行菜单栏中的"视图"→"ODB 显示选项"命令，在打开的对话框中选择"扫掠/拉伸"选项卡，选中"拉伸单元"复选框，然后单击"确定"按钮 确定 。旋转模型，可以看到等效的三维视图，如图 4-36 所示。

（2）接触分析中可以显示接触压强，执行菜单栏中的"结果"→"场输出"命令，在打开的"场输出"对话框中选择"输出变量"为"CPRESS 接触压力 在表面结点处"，单击"应用"按钮 应用 ，其云纹图如图 4-37 所示。

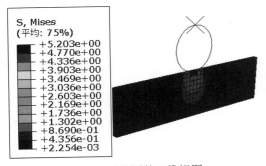

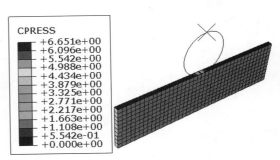

图 4-36　云纹图的三维视图　　　　　　　图 4-37　接触面上的接触压强

（3）类似地，在"场输出"对话框中选择"输出变量"为"COPEN Contact opening 在表面结点处"，单击"应用"按钮 ，就可以显示各节点的接触状态。如果 COPEN>0，表示此节点与主面没有接触；如果 COPEN 为 0 或非常接近 0，表示此节点与主面相接触，如图 4-38 所示。

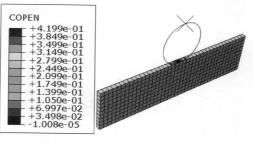

图 4-38　从面节点与主面的距离

（4）单击工具区中的"在变形图上绘制符号"按钮 ，在显示变形图上绘制符号，此时看到视图区中显示的是平面内最大、最小和平面外应力的符号，如图 4-39 所示。要想显示其他变量，则可以通过执行菜单栏中的"结果"→"场输出"命令，在打开的"场输出"对话框中进行设置。

（5）单击"符号选项"按钮 ，在打开的"符号绘制选项"对话框中可以对符号的显示进行设置，如图 4-40 所示。

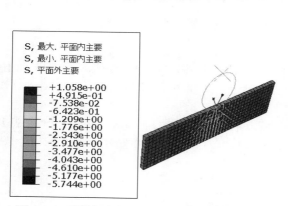

图 4-39　平面内最大、最小和平面外应力的符号

图 4-40　"符号绘制选项"对话框

4.6　实例——冲模过程仿真分析

4.6.1　实例描述

这是将一块长金属薄板加工成圆形凹槽的模拟，以此说明刚性表面的应用以及在 ABAQUS/

Standard 中成功接触分析需要用到的一些更为复杂的技术。

　　该实例包括一条带形可变形材料，称为毛坯，以及工具——冲头、模具和毛坯夹具（与毛坯接触），如图 4-41 所示。这些工具可以模拟成刚性表面，因为它们比毛坯更加刚硬。毛坯厚度为 1 mm，在毛坯夹具与冲头之间受到挤压，毛坯夹具的力为 440 kN。在成型过程中，这个力与毛坯和毛坯夹具、毛坯和冲头和模具之间的摩擦力共同作用，控制将毛坯材料压入冲头和模具。必须确定在成型过程中作用在冲头上的力；对于作用在毛坯夹具上的力和工具与毛坯之间的摩擦系数，也必须评估所采用的这些特殊的设置对于将毛坯加工成凹槽是否合适。

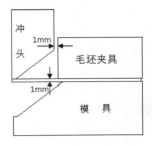

图 4-41　冲压模型示意图

Note

视频演示

4.6.2　创建部件

1．创建毛坯

　　（1）基于平面壳体特征，创建一个二维、可变形的实体部件代表可变形的毛坯。首先定义几何形状，单击工具区中的"创建部件"按钮，打开"创建部件"对话框，在"名称"文本框中输入"Part-maopi"，设置"模型空间"为"二维平面"、"类型"为"可变形"，如图 4-42 所示，然后单击"继续"按钮。

　　（2）进入草图模块后，单击工具区中的"创建线：矩形（四条线）"按钮，在视图区下方输入矩形第一个点的坐标（0,1），然后再输入第二个点的坐标（30,0），双击鼠标中键。

2．创建冲头

　　（1）冲头的结构尺寸如图 4-43 所示。单击工具区中的"创建部件"按钮，在打开对话框的"名称"文本框中输入"Part-chongtou"，设置"模型空间"为"二维平面"、"类型"为"解析刚性"，如图 4-44 所示，然后单击"继续"按钮。

图 4-42　"创建部件"对话框 1

图 4-43　冲头结构尺寸

图 4-44　"创建部件"对话框 2

　　（2）单击工具区中的"创建线：首尾相连"按钮，在视图区下方输入坐标（0,1），并在视图区单击鼠标中键确认，以此类推，依次输入坐标点（0,20）、（14,20）、（14,10）、（5,1）及（0,1）。然后单击工具区中的"创建倒角：两条曲线"按钮，在提示区输入倒角半径"2"，在视图区单击鼠标中键确认，然后参照图 4-43 对部件进行倒角，冲头绘制完毕。

（3）绘制完毕后，为冲头指定一个参考点。在菜单栏中执行"工具"→"参考点"命令，然后单击冲头上表面中点，如图 4-45 所示。

3. 创建夹具

（1）夹具的结构尺寸如图 4-46 所示。单击工具区中的"创建部件"按钮 📇，在打开对话框的"名称"文本框中输入"Part-jiaju"，设置"模型空间"为"二维平面"、"类型"为"解析刚性"，然后单击"继续"按钮 继续... 。

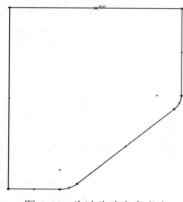

图 4-45　为冲头建立参考点

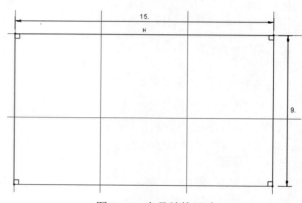

图 4-46　夹具结构尺寸

（2）进入草图模块后，单击工具区中的"创建线：矩形（四条线）"按钮 ▭，在视图区下方输入矩形第一个点的坐标（15,1），然后再输入第二个点的坐标（30,10），双击鼠标中键。

（3）绘制完毕后，为夹具指定一个参考点。在菜单栏中执行"工具"→"参考点"命令，然后单击夹具顶部的中点，如图 4-47 所示。

4. 创建模具

（1）模具的结构尺寸如图 4-48 所示。单击工具区中的"创建部件"按钮 📇，在打开对话框的"名称"文本框中输入"Part-moju"，设置"模型空间"为"二维平面"、"类型"为"解析刚性"，然后单击"继续"按钮 继续... 。

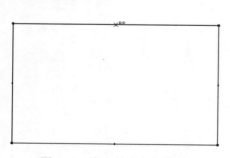

图 4-47　为夹具建立参考点

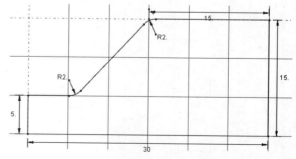

图 4-48　模具结构尺寸

（2）单击工具区中的"创建线：首尾相连"按钮 ⚡，在视图区下方输入坐标（0,-10），并在视图区单击鼠标中键确认，以此类推，依次输入坐标点（6,-10）、（15,0）、（30,0）、（30,-15）、（0,-15）及（0,-10）。然后单击工具区中的"创建倒角：两条曲线"按钮 ⌐，在提示区输入倒角半径"2"，在视图区单击鼠标中键确认，然后参照图 4-48 对部件进行倒角，模具绘制完毕。

（3）绘制完毕后，为模具指定一个参考点。在菜单栏中执行"工具"→"参考点"命令，然后单击模具上表面中点，如图 4-49 所示。

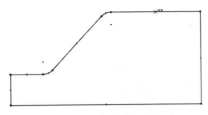

图 4-49 为模具建立参考点

4.6.3 定义材料属性

（1）在环境栏中的"模块"下拉列表框中选择"属性"选项，进入材料属性编辑界面。单击工具区中的"创建材料"按钮，打开"编辑材料"对话框，如图 4-50 所示，默认名称为"Material-1"，在"材料行为"选项组中依次选择"力学"→"弹性"→"弹性"选项。此时，在下方出现的数据表中依次设置"杨氏模量"为"210000"、"泊松比"为"0.3"，保持其余选项的参数不变。

图 4-50 "编辑材料"对话框

本实例中，毛坯材料会发生塑性变形，且在分析过程中材料的塑性应变会很大。如表 4-2 所示，为材料屈服应力与塑性应变的数据。

表 4-2 屈服应力与塑性应变数据

序 号	屈服应力/Pa	塑 性 应 变
1	400.0E6	0.0
2	420.0E6	2.0E-2
3	500.0E6	20.0E-2
4	600.0E6	50.0E-2

（2）在"编辑材料"对话框中，选择"力学"→"塑性"→"塑性"选项，将表 4-2 中数据输入数据表中，如图 4-51 所示，然后单击"确定"按钮 确定 。

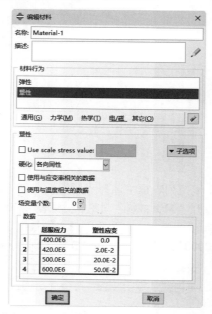

图 4-51　输入屈服应力与塑性应变数据

4.6.4　定义和指派截面属性

1. 创建截面

单击工具区中的"创建截面"按钮 ，打开"创建截面"对话框，默认名称为"Section-1"，保持其他选项不变，如图 4-52 所示，单击"继续"按钮 继续... ，打开"编辑截面"对话框，在"材料"下拉列表框中选择"Material-1"选项，如图 4-53 所示，单击"确定"按钮 确定 。

2. 指派截面属性

在窗口顶部的环境栏的"部件"下拉列表框中选择"Part-maopi"选项，单击工具区中的"指派截面"按钮 ，在视图区选择整个部件，单击提示区中的"完成"按钮 完成 （或在视图区单击鼠标中键）。打开"编辑截面指派"对话框，在"截面"下拉列表框中选择"Section-1"选项，如图 4-54 所示，单击"确定"按钮 确定 。

图 4-52　"创建截面"对话框

图 4-53　"编辑截面"对话框

图 4-54　"编辑截面指派"对话框

4.6.5　定义装配

在"模块"下拉列表框中选择"装配"选项，执行菜单栏中的"实例"→"创建"命令，打开"创建实例"对话框，在"部件"选项组中选择全部选项，保持各项默认值，如图 4-55 所示，单击"确定"按钮 确定 。

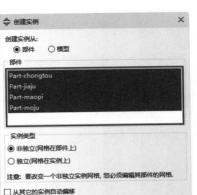

图 4-55　"创建实例"对话框

4.6.6　设置分析步

在进行接触分析过程中，必须保证部件间平稳接触（动力冲击问题除外），否则将导致严重的不收敛问题。求解本实例的分析步如下。

（1）分析步 Initial：该分析步用来定义边界条件。

（2）分析步 1：建立毛坯与夹具之间稳定的接触关系。固定毛坯，防止毛坯在重力的作用下产生初始移动，同时分别给夹具、模具一个朝向毛坯的位移，使夹具与毛坯、模具与毛坯分别产生接触。具体创建过程如下。

在"模块"下拉列表框中选择"分析步"选项，进入分析步编辑界面。单击工具区中的"创建分析步"按钮 ●→■，打开"创建分析步"对话框，在"名称"文本框中输入"Step-jiechu1"，类型选择"静力，通用"，其余选项不变，单击"继续"按钮 继续... 。打开"编辑分析步"对话框，设置"几何非线性"为"开"，单击"确定"按钮 确定 ，完成分析步 1 的创建。

（3）分析步 2：移除对毛坯右端面的固定。分析步 1 中建立了夹具与毛坯、模具与毛坯的接触关系，已可以使毛坯的右端面保持在一定位置，因此在本分析步中取消对毛坯右端面的固定。具体创建过程如下。

单击"创建分析步"按钮 ●→■，在"名称"文本框中输入"Step-yichu"，类型选择"静力，通用"，其余选项不变，单击"继续"按钮 继续... 。打开"编辑分析步"对话框，此时的"几何非线性"状态默认为"开"，单击"确定"按钮 确定 ，完成分析步 2 的创建。

（4）分析步 3：施加夹持力。为方便设定夹持力的大小，在本分析步中将取消夹具的位移边界条件，并在夹具的参考点施加夹持力。具体创建过程如下。

单击"创建分析步"按钮 ●→■，在"名称"文本框中输入"Step-jiachi"，其余选项不变，单击"继续"按钮 继续... 。打开"编辑分析步"对话框，直接单击"确定"按钮 确定 ，完成分析步 3 的创建。

（5）分析步 4：使压头与毛坯建立稳定的接触关系。在本分析步中，给压头一个较小的位移，使之与毛坯发生稳定接触，以确保仿真结果更好地收敛，同时取消对毛坯右端点的竖直约束。由于在

Note

这个分析步中建立接触条件可能是非常困难的，所以设置初始时间增量步为 10% 的总体时间。具体创建过程如下。

单击"创建分析步"按钮，在"名称"文本框中输入"Step-jiechu2"，其余选项不变，单击"继续"按钮。打开"编辑分析步"对话框，选择"增量"选项卡，在"增量步大小"后的"初始"栏中输入"0.1"，单击"确定"按钮，完成分析步 4 的创建。

（6）分析步 5：冲头对毛坯的冲压。在这一分析步中将完成冲头对毛坯的冲压过程模拟。由于模拟过程中存在着强烈的非线性，因此，在综合考虑计算时间的基础上，最大增量步应尽量大，增量步长设置应尽量小。具体创建过程如下。

单击"创建分析步"按钮，在"名称"文本框中输入"Step-chongya"，其余选项不变，单击"继续"按钮。打开"编辑分析步"对话框，选择"增量"选项卡，在"增量步大小"后的"初始"栏中输入"0.0001"、"最小"栏中输入"1E-06"、"最大"栏中输入"1"，如图 4-56 所示，单击"确定"按钮，完成分析步 5 的创建。

（7）创建完毕后，单击"分析步管理器"按钮，打开"分析步管理器"对话框，可以查看所创建的分析步，如图 4-57 所示。

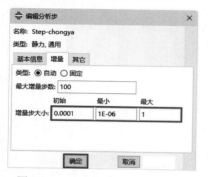

图 4-56 "编辑分析步"对话框

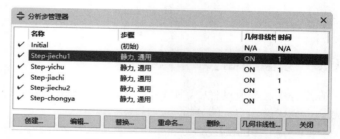

图 4-57 "分析步管理器"对话框

4.6.7 定义接触

在本实例中，假设毛坯与冲头之间的摩擦为零，毛坯与模具、夹具之间的摩擦系数分别为 0.1。同时在定义接触的过程中，应定义刚体表面为主面，柔体表面为从面。下面首先定义接触面集合。

1. 定义接触面

在"模块"下拉列表框中选择"载荷"选项，进入载荷编辑界面。执行菜单栏中的"工具"→"表面"→"管理器"命令，打开"表面管理器"对话框，依次创建下列集合。

（1）Surf-moju：冲模面向毛坯的端面。

单击"创建"按钮，打开"创建表面"对话框，在"名称"文本框中输入"Surf-moju"，单击"继续"按钮，选中如图 4-58（a）中所示端面，由于模具是解析刚体，在创建面时 ABAQUS/CAE 会在窗口底部提示区中显示"选择一边作为边：深红，黄色"，这时应选择刚体的外侧所对应的颜色，在视图区单击鼠标中键确认，Surf-moju 集合建立完毕。

> 💡 **提示：** ❶ 在选择表面过程中，若两个部件间的表面相互干扰而无法正确选择，可以单击视图区上方的"创建显示组"按钮，通过隐藏干扰部件来实现表面的正确选择。
>
> ❷ 在选择刚体上的面时，单击鼠标后，整个刚体都会变红，而不是只有选中的面才变红，但利用这些定义过的表面定义相互作用的接触对时，只有被单击的面才会被标记。

（2）Surf-jiaju：夹具面向毛坯的端面。

单击"创建"按钮 <u>创建...</u> ，打开"创建表面"对话框，在"名称"文本框中输入"Surf-jiaju"，单击"继续"按钮 <u>继续...</u> 。选中如图 4-58（b）中所示端面，在视图区中单击鼠标中键确认。在提示区中显示"选择一边作为边：深红，黄色"，这时应选择刚体的外侧所对应的颜色，在视图区中单击鼠标中键确认，Surf-jiaju 集合建立完毕。

（3）Surf-chongtou：冲头面向毛坯的端面。

单击"创建"按钮 <u>创建...</u> ，打开"创建表面"对话框，在"名称"文本框中输入"Surf-chongtou"，单击"继续"按钮 <u>继续...</u> 。选中如图 4-58（c）中所示端面，在视图区中单击鼠标中键确认。在提示区中显示"选择一边作为边：深红，黄色"，这时应选择刚体的外侧所对应的颜色，在视图区中单击鼠标中键确认，Surf-chongtou 集合建立完毕。

（4）Surf-maopi-T：毛坯的上端面。

单击"创建"按钮 <u>创建...</u> ，打开"创建表面"对话框，在"名称"文本框中输入"Surf-maopi-T"，单击"继续"按钮 <u>继续...</u> 。选中如图 4-58（d）中所示端面，在视图区中单击鼠标中键确认。

（5）Surf-maopi-B：毛坯的底面。

单击"创建"按钮 <u>创建...</u> ，打开"创建表面"对话框，在"名称"文本框中输入"Surf-maopi-B"，单击"继续"按钮 <u>继续...</u> 。选中如图 4-58（e）中所示端面，在视图区中单击鼠标中键确认。

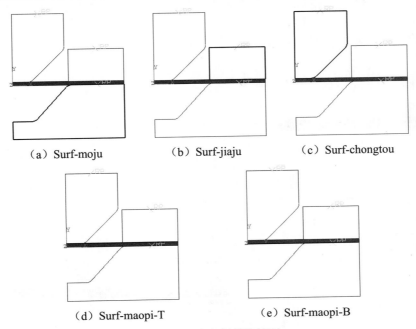

（a）Surf-moju　　　　（b）Surf-jiaju　　　　（c）Surf-chongtou

（d）Surf-maopi-T　　　　（e）Surf-maopi-B

图 4-58　定义部件接触面

定义完毕后，各接触面集合如图 4-59 所示。

2．定义接触属性

在"模块"下拉列表框中选择"相互作用"选项，定义无摩擦的接触属性。单击工具区中的"创建相互作用属性"按钮 ，打开"创建相互作用属性"对话框，在"名称"文本框中输入"IntProp-noF"，各项参数都保持默认值，单击"继续"按钮 <u>继续...</u> 。打开"编辑接触属性"对话框，选择"力学"→"切向行为"选项，在"摩擦公式"下拉列表框中选择"无摩擦"选项，如图 4-60 所示，单击"确定"按钮 <u>确定</u> 。

视频演示

图 4-59 "表面管理器"对话框

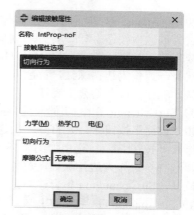

图 4-60 "编辑接触属性"对话框 1

3. 定义摩擦属性

（1）单击工具区中的"创建相互作用属性"按钮，在打开对话框的"名称"文本框中输入"IntProp-F"，其他各项参数都保持默认值，单击"继续"按钮。打开"编辑接触属性"对话框，选择"力学"→"切向行为"选项，在"摩擦公式"下拉列表框中选择"罚"选项，在下方数据表中设置"摩擦系数"为"0.1"，如图 4-61 所示，单击"确定"按钮。

（2）摩擦属性定义好后，可以单击工具区中的"相互作用属性管理器"按钮进行查看，如图 4-62所示。

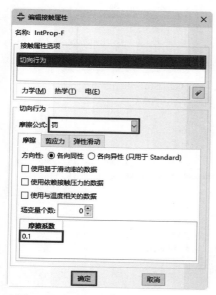

图 4-61 "编辑接触属性"对话框 2

图 4-62 "相互作用属性管理器"对话框

4. 定义面的接触关系

在本实例中，主要涉及以下几种接触关系。

☑ Surf-moju（冲模上表面）与 Surf-maopi-B（毛坯底面）之间的有摩擦接触关系。

☑ Surf-jiaju（夹具下表面）与 Surf-maopi-T（毛坯上表面）之间的有摩擦接触关系。

☑ Surf-chongtou（冲头端面）与 Surf-maopi-T（毛坯上表面）之间的无摩擦接触关系。

下面以 Surf-moju（冲模上表面）与 Surf-maopi-B（毛坯底面）之间的有摩擦接触关系为例，具体定义过程如下。

（1）单击工具区中的"创建相互作用"按钮，在打开对话框的"分析步"下拉列表框中选择"Initial"（初始步）选项，然后单击"继续"按钮。此时要求选择"main surface"（主面），单击窗口底部提示区右侧的"表面"按钮，在打开的"区域选择"对话框中选择"Surf-moju"选项，再单击"继续"按钮。

（2）此时要求选择"secondary type"（次要类型），单击提示区中的"表面"按钮，在打开的"区域选择"对话框中选择"Surf-maopi-B"选项，单击"继续"按钮。

（3）在打开的"编辑相互作用"对话框中，不改变默认的参数"滑移公式：有限滑移"的情况下，在"接触作用属性"下拉列表框中选择"IntProp-F"选项，如图4-63所示，单击"确定"按钮。

按上述方法，为夹具下表面（Surf-jiaju）与毛坯上表面（Surf-maopi-T）之间建立有摩擦的接触关系；为冲头端面（Surf-chongtou）与毛坯上表面（Surf-maopi-T）之间建立无摩擦的接触关系。单击"相互作用管理器"按钮，可对建立好的接触关系进行查看，如图4-64所示。

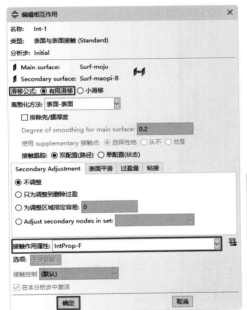

图 4-63 "编辑相互作用"对话框

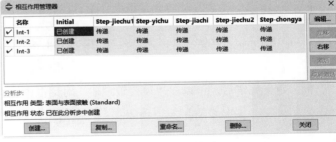

图 4-64 接触关系

4.6.8 定义边界条件和载荷

1. 定义集合

在"模块"下拉列表框中选择"载荷"选项，进入载荷编辑界面。执行菜单栏中的"工具"→"集"→"管理器"命令，打开"设置管理器"对话框，依次创建下列集合。

（1）Set-Pchong 集合：冲头上表面的参考点。

单击"创建"按钮，打开"创建集"对话框，在"名称"文本框中输入"Set-Pchong"，单击"继续"按钮，选中冲头上表面的参考点 RP，在视图区单击鼠标中键确认，Set-Pchong 集合建立完毕。

视 频 演 示

（2）Set-Pjia 集合：夹具上表面的参考点。

单击"创建"按钮 创建...，在打开对话框的"名称"文本框中输入"Set-Pjia"，单击"继续"按钮 继续...，选中夹具上表面的参考点 RP，在视图区单击鼠标中键确认。

（3）Set-Pmo 集合：模具上表面的参考点。

单击"创建"按钮 创建...，在打开对话框的"名称"文本框中输入"Set-Pmo"，单击"继续"按钮 继续...，选中模具上表面的参考点 RP，在视图区单击鼠标中键确认。

（4）Set-maopi 集合：整个毛坯壳体。

单击"创建"按钮 创建...，在打开对话框的"名称"文本框中输入"Set-maopi"，单击"继续"按钮 继续...，选中毛坯，在视图区中单击鼠标中键确认，如图 4-65（a）所示。

（5）Set-PL 集合：毛坯左端面的下端点。

单击"创建"按钮 创建...，在打开对话框的"名称"文本框中输入"Set-PL"，单击"继续"按钮 继续...，选中毛坯左端面最下方的点，如图 4-65（b）所示，在视图区中单击鼠标中键确认。

（6）Set-PR 集合：毛坯右端面的下端点。

单击"创建"按钮 创建...，在打开对话框的"名称"文本框中输入"Set-PR"，单击"继续"按钮 继续...，选中毛坯右端面最下方的点，如图 4-65（c）所示，在视图区中单击鼠标中键确认。

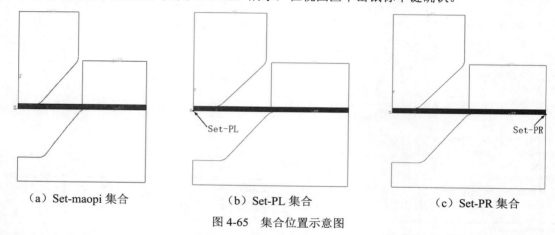

（a）Set-maopi 集合　　　　　（b）Set-PL 集合　　　　　（c）Set-PR 集合

图 4-65　集合位置示意图

集合定义完毕后，可以在"设置管理器"对话框中查看已定义的集合，如图 4-66 所示。

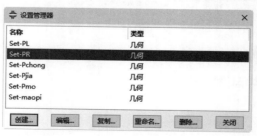

图 4-66　"设置管理器"对话框

2. 定义边界条件

根据分析步中所要完成的任务，下面分别对夹具、模具、冲头、毛坯及毛坯左右两侧下方端点建立边界条件。

1）创建夹具的边界条件

夹具在分析步 1 中有一个竖直朝向毛坯的位移；在分析步 3 中，该约束被取消。单击工具区中的

"边界条件管理器"按钮，打开"边界条件管理器"对话框，具体创建过程如下。

单击"创建"按钮 创建... ，打开"创建边界条件"对话框，在"名称"文本框中输入"BC-Pjia"，设置"分析步"为"Step-jiechu1"，在"可用于所选分析步的类型"选项组中选择"位移/转角"选项，单击"继续"按钮 继续... 。打开"区域选择"对话框，选择"Set-Pjia"选项，单击"继续"按钮 继续... 。在打开的"编辑边界条件"对话框中选中"U1""U2""UR3"复选框，并在"U2"文本框中输入"-1E-008"，如图 4-67（a）所示，单击"确定"按钮 确定 。

在"边界条件管理器"对话框中，选择"BC-Pjia"在分析步 3（Step-jiachi）下对应的"传递"选项，单击右侧的"编辑"按钮 编辑... ，在打开的"编辑边界条件"对话框中取消选中"U2"复选框，如图 4-67（b）所示，单击"确定"按钮 确定 。

（a）分析步 1 中边界条件　　　　（b）分析步 3 中边界条件

图 4-67　"编辑边界条件"对话框 1

2）创建冲头的边界条件

冲头在分析步 1 中被固定在毛坯上方，与毛坯虚接触；在分析步 4 中，给冲头一个竖直朝向毛坯的位移，使其与毛坯发生稳定接触；在分析步 5 中，冲头将毛坯冲压成形。打开"边界条件管理器"对话框，具体创建过程如下。

单击"创建"按钮 创建... ，打开"创建边界条件"对话框，在"名称"文本框中输入"BC-Pchong"，设置"分析步"为"Step-jiechu1"，在"可用于所选分析步的类型"选项组中选择"位移/转角"选项，单击"继续"按钮 继续... 。打开"区域选择"对话框，选择"Set-Pchong"选项，单击"继续"按钮 继续... 。在打开的"编辑边界条件"对话框中选中"U1""U2""UR3"复选框，如图 4-68（a）所示，单击"确定"按钮 确定 。

在"边界条件管理器"对话框中，选择"BC-Pchong"在分析步 4（Step-jiechu2）下对应的"传递"选项，单击右侧的"编辑"按钮 编辑... ，打开"编辑边界条件"对话框，在"U2"文本框中输入"-0.001"，如图 4-68（b）所示，单击"确定"按钮 确定 。

同样，选择"BC-Pchong"在分析步 5（Step-chongya）下对应的"传递"选项，单击右侧的"编辑"按钮 编辑... ，打开"编辑边界条件"对话框，在"U2"文本框中输入"-10"，如图 4-68（c）所示，单击"确定"按钮 确定 。

3）创建模具的边界条件

模具在分析步 1 中有一个竖直朝向毛坯的位移，并一直保持至模拟计算结束。打开"边界条件管理器"对话框，具体创建过程如下。

Note

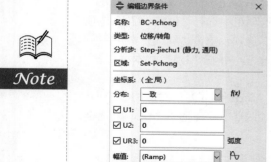

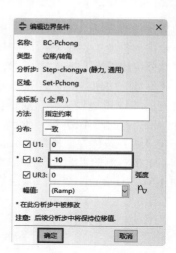

（a）分析步 1 中边界条件　　　（b）分析步 4 中边界条件　　　（c）分析步 5 中边界条件

图 4-68　"编辑边界条件"对话框 2

单击"创建"按钮 创建...，打开"创建边界条件"对话框，在"名称"文本框中输入"BC-Pmo"，设置"分析步"为"Step-jiechu1"，在"可用于所选分析步的类型"选项组中选择"位移/转角"选项，单击"继续"按钮 继续... 。打开"区域选择"对话框，选择"Set-Pmo"，单击"继续"按钮 继续... 。在打开的"编辑边界条件"对话框中选中"U1""U2""UR3"复选框，并在"U2"文本框中输入"-1E-008"，如图 4-69 所示，单击"确定"按钮 确定 。

4）创建毛坯的边界条件

根据毛坯在仿真过程中的运动状态，在分析步 1 中对毛坯施加对称边界约束，并一直保持至模拟计算结束。打开"边界条件管理器"对话框，具体创建过程如下。

单击"创建"按钮 创建...，打开"创建边界条件"对话框，在"名称"文本框中输入"BC-Pmaopi"，设置"分析步"为"Step-jiechu1"，在"可用于所选分析步的类型"选项组中选择"对称/反对称/完全固定"选项，单击"继续"按钮 继续... 。打开"区域选择"对话框，选择"Set-maopi"选项，单击"继续"按钮 继续... 。在打开的"编辑边界条件"对话框中选中"XSYMM（U1=UR2=UR3=0）"单选按钮，如图 4-70 所示，单击"确定"按钮 确定 。

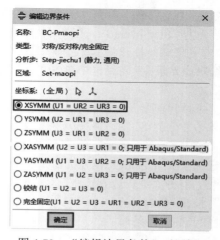

图 4-69　"编辑边界条件"对话框 3　　　　　　图 4-70　"编辑边界条件"对话框 4

5）创建毛坯左、右端面下端点的边界条件

为防止毛坯产生初始运动，本实例将固定毛坯左、右端面下端点。在分析步2中，由于毛坯与夹具、冲头已建立接触，能够保证毛坯右端面位置保持不变，因此解除对毛坯右端点的约束；而在分析步4中，冲头向毛坯移动并与毛坯发生接触，此时解除毛坯左端点的约束。打开"边界条件管理器"对话框，具体创建过程如下。

单击"创建"按钮 创建... ，打开"创建边界条件"对话框，在"名称"文本框中输入"BC-PR"，设置"分析步"为"Step-jiechu1"，在"可用于所选分析步的类型"选项组中选择"位移/转角"选项，单击"继续"按钮 继续 。打开"区域选择"对话框，选择"Set-PR"选项，单击"继续"按钮 继续... 。在打开的"编辑边界条件"对话框中选中"U2"复选框，如图4-71（a）所示，单击"确定"按钮 确定 。在"边界条件管理器"对话框中，选择"BC-PR"在分析步2（Step-yichu）下对应的"传递"选项，单击右侧的"取消激活"按钮 取消激活 。

同样，单击"创建"按钮 创建... ，打开"创建边界条件"对话框，在"名称"文本框中输入"BC-PL"，设置"分析步"为"Step-jiechu1"，在"可用于所选分析步的类型"选项组中选择"位移/转角"选项，单击"继续"按钮 继续 。在打开的"区域选择"对话框中选择"Set-PL"选项，单击"继续"按钮 继续... 。在打开的"编辑边界条件"对话框中选中"U2"复选框，如图4-71（b）所示，单击"确定"按钮 确定 。在"边界条件管理器"对话框中，选择"BC-PL"在分析步4（Step-jiechu2）下对应的"传递"选项，单击右侧的"取消激活"按钮 取消激活 。

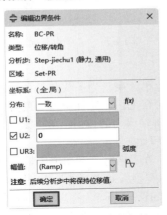

（a）毛坯右端点约束条件　　　　（b）毛坯左端点约束条件

图4-71　"编辑边界条件"对话框5

在"边界条件管理器"对话框中可以看到上述创建的边界条件已列于表中，如图4-72所示。

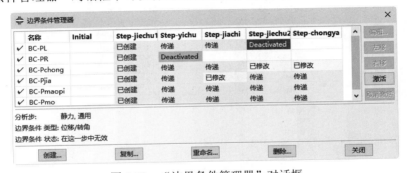

图4-72　"边界条件管理器"对话框

3. 定义载荷

创建夹持力。在分析步 3 中，对夹具施加一个竖直向下的夹持力，该作用力的作用效果将延续至仿真结束。单击工具区中的"载荷管理器"按钮 🔲，打开"载荷管理器"对话框，具体创建过程如下。

单击"创建"按钮 创建...，打开"创建载荷"对话框，在"名称"文本框中输入"Load-jia"，设置"分析步"为"Step-jiachi"、"可用于所选分析步的类型"为"集中力"，如图 4-73 所示，单击"继续"按钮 继续...。在打开的"区域选择"对话框中选择"Set-Pjia"选项，单击"继续"按钮 继续...。打开"编辑载荷"对话框，在"CF2"文本框中输入"-440000"，如图 4-74 所示，单击"确定"按钮 确定。

图 4-73　"创建载荷"对话框 1

图 4-74　"编辑载荷"对话框 1

4. 创建载荷力

在分析步 4 中，由于毛坯只在两端点对 U2 位移进行了约束，当压头与毛坯进行初步接触时，毛坯其他部位有可能发生震颤，导致计算不收敛。因此，可在毛坯上施加一个负向分布力，该力应远小于夹具的集中力，并且当冲头与毛坯建立了稳定接触后解除该力的作用。单击工具区中的"载荷管理器"按钮 🔲，打开"载荷管理器"对话框，具体创建过程如下。

单击"创建"按钮 创建...，打开"创建载荷"对话框，在"名称"文本框中输入"Load-fangzhen"，设置"分析步"为"Step-jiechu2"、"可用于所选分析步的类型"为"压强"，如图 4-75 所示，单击"继续"按钮 继续...。在打开的"区域选择"对话框中选择"Surf-maopi-T"选项，单击"继续"按钮 继续...。打开"编辑载荷"对话框，在"大小"文本框中输入"-100"，如图 4-76 所示，单击"确定"按钮 确定。

图 4-75　"创建载荷"对话框 2

图 4-76　"编辑载荷"对话框 2

在"载荷管理器"对话框中，选择"Load-fangzhen"在分析步 5（Step-chongya）下对应的"传递"选项，单击右侧的"取消激活"按钮，解除分析步 5 中载荷力的作用，如图 4-77 所示，单击"关闭"按钮 关闭 。

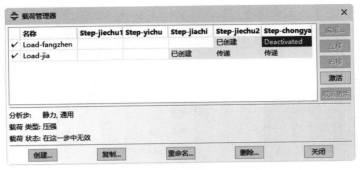

图 4-77　"载荷管理器"对话框

4.6.9　划分网格

在"模块"下拉列表框中选择"网格"选项，进入网格功能界面，在窗口顶部的环境栏"对象"选项中选中"部件"单选按钮，然后在后面的下拉列表中选择"Part-maopi"选项。

由于冲头、夹具和模具是解析刚体，因此在分析过程中不需要为其定义材料和截面属性，也不必为其划分网格。下面为毛坯划分网格。

1．设置局部种子

单击工具区中的"为边布种"按钮 ，按住 Shift 键，分别选择毛坯上、下两条长边，单击鼠标中键确认，打开"局部种子"对话框，选中"按个数"单选按钮，在"单元数"文本框中输入"60"，如图 4-78 所示，单击"确定"按钮 确定 ，长边种子布置完毕。

利用同样的方法为两个短边布置局部种子，种子数量为 4。整个部件种子布置完毕后如图 4-79 所示。

图 4-78　"局部种子"对话框

图 4-79　部件的种子布置

2．定义网格属性

单击工具区中的"指派网格控制属性"按钮 ，打开"网格控制属性"对话框，设置"单元形状"为"四边形"、"技术"为"结构"，如图 4-80 所示，单击"确定"按钮 确定 。

3. 设定单元类型

单击工具区中的"指派单元类型"按钮，在视图区将部件全选，并单击鼠标中键，打开"单元类型"对话框，设置"几何阶次"为"线性"，在"四边形"选项卡中选中"减缩积分"复选框，其他各项保持默认值，此时的单元类型为CPS4R，如图4-81所示，单击"确定"按钮。

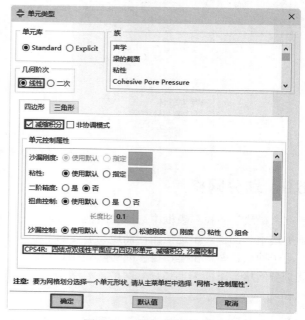

图4-80　"网格控制属性"对话框

图4-81　"单元类型"对话框

注意： 对于表面间的接触，通常采用一阶单元，同时，若部件发生弯曲变形，采用减缩积分单元或非协调模式单元可避免完全积分中的自锁现象。

4. 划分网格

单击工具区中的"为部件划分网格"按钮，在视图区单击鼠标中键，完成网格的划分，如图4-82所示。

图4-82　为部件划分网格

4.6.10　提交分析作业

在"模块"下拉列表框中选择"作业"选项，单击工具区中的"作业管理器"按钮，打开"作业管理器"对话框，单击"创建"按钮。打开"创建作业"对话框，设置"名称"为"Job-jiechu2"，如图4-83所示，单击"继续"按钮。打开"编辑作业"对话框，保持各项默认值不变，单击"确定"按钮。

图 4-83 "创建作业"对话框

此时新创建的作业显示在"作业管理器"对话框中，如图 4-84 所示。单击工具栏中的"保存模型数据库"按钮 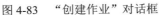，保存所建的模型，然后单击"提交"按钮 提交，提交分析作业。

图 4-84 "作业管理器"对话框

单击"监控"按钮 监控... ，打开"Job-jiechu2 监控器"对话框并进行分析，分析完成后，单击"关闭"按钮 关闭 ，关闭对话框，然后单击"结果"按钮 结果 ，进入"可视化"模块。

4.6.11 后处理

1. 显示 Mises 应力的云纹图和动画

在"可视化"模块中，单击"在变形图上绘制云图"按钮 ，以查看 Mises 应力的云纹图，单击"动画：时间历程"按钮 ，查看分析结果是否异常，如图 4-85 所示为 Mises 应力的云纹图。

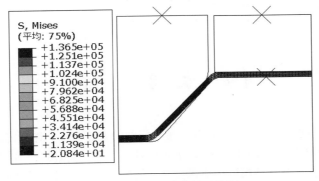

图 4-85 Mises 应力的云纹图

2. 延展平面应力单元来构造三维视图

ABAQUS 中提供了将二维模型中的变量等值线图延展为三维视图的方法，以更好地观察模型的仿真结果。执行菜单栏中的"视图"→"ODB 显示选项"命令，打开"ODB 显示选项"对话框，选择"扫掠/拉伸"选项卡，选中"拉伸单元"复选框，在"深度"文本框中输入"10"，如图 4-86 所示，单击"确定"按钮 确定 ，变量等值线三维视图如图4-87所示。

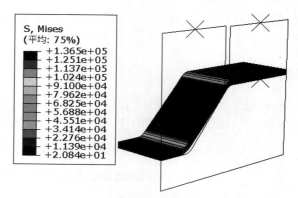

图4-86 "ODB 显示选项"对话框

图4-87 变量等值线三维视图

在变形图上绘制符号。单击工具区中的"在变形图上绘制符号"按钮。在显示变形图上绘制符号，此时看到视图区中显示的是平面内最大、最小和平面外应力的符号，如图 4-88 所示。若要显示其他变量，则可以通过执行菜单栏中的"结果"→"场输出"命令，在打开的"场输出"对话框中进行设置。

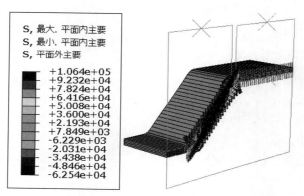

图4-88 平面内最大、最小和平面外应力的符号

4.7 本章小结

本章主要介绍使用 ABAQUS/Standard 分析接触问题的方法。首先详细讨论了接触分析的一些关键问题，然后由一个简单的圆盘与平板的接触分析实例，让读者对接触分析的基本方法有一个感性的认识，最后介绍了一个较复杂的冲模过程模拟实例，使读者进一步熟悉和掌握接触问题的分析方法。

第 **5** 章

材料非线性分析

　　本章将重点介绍使用 ABAQUS 进行材料非线性分析的步骤和方法，使读者了解使用 ABAQUS 进行材料非线性分析的巨大优势。

　　非线性的应力-应变关系是造成材料非线性的常见原因。材料的应力-应变性质受许多因素影响，如环境状况（如温度、相对湿度）、蠕变响应和加载历史（如在弹塑性响应状况下）等。ABAQUS 包含强大的材料非线性库，包括延性金属的塑性、橡胶的超弹性、粘弹性等，在解决材料非线性问题上具有重要优势。

　　☑　熟悉橡胶垫片压缩过程的分析。

　　☑　熟悉悬臂梁受压过程的分析。

任务驱动&项目案例

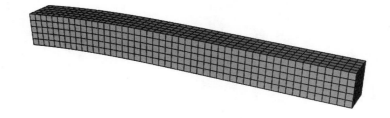

Note

5.1 材料非线性分析库简介

ABAQUS 提供了强大的材料非线性库，其中包括延性金属的塑性、橡胶的超弹性、粘弹性等。本节将对这几类材料非线性的理论基础进行简要的介绍。

5.1.1 塑性

塑性是在某种给定载荷下材料产生永久变形的一种材料属性。对大多数的工程材料来说，当其应力低于比例极限时，应力-应变关系是线性的。

大多数材料在其应力低于屈服点时表现为弹性行为，即撤去载荷时，应变也完全消失。这种材料非线性是人们最熟悉的，大多数金属在小应变时都具有良好的线性应力-应变关系，但在应变较大时材料会发生屈服特性，此时材料的响应变成了不可逆和非线性的，如图 5-1 所示。

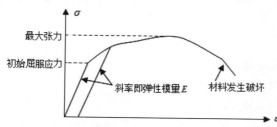

图 5-1 弹塑性材料轴向拉伸的应力-应变曲线

金属的工程应力称为名义应力，即利用未变形平面计算得到的单位面积上的力，可用公式 F/A_0 表示；与之相对应的为名义应变，即每单位未变形长度的伸长，可用公式 $\Delta l / l_0$ 表示。在单向拉伸/压缩实验中得到的数据通常都是以名义应力和名义应变给定的。

> 📢 **注意**：在仅考虑 $\Delta l \to \mathrm{d}l \to 0$ 的情况下，拉伸和压缩应变是相同的，表示为
>
> $$\mathrm{d}\varepsilon = \frac{\mathrm{d}l}{l} \tag{5-1}$$
>
> $$\varepsilon = \int_0^l \frac{\mathrm{d}l}{l} = \ln\left(\frac{l}{l_0}\right) \tag{5-2}$$
>
> 式中：l_0——原始长度；
>
> l——当前长度；
>
> ε——真实应变。
>
> 与真实应变对应的是真实应力，表示为
>
> $$\sigma = \frac{F}{A} \tag{5-3}$$
>
> 式中：F——材料受力；
>
> A——当前面积；
>
> σ——真实应力。

> 📖 **说明**：在 ABAQUS 中必须用真实应力和真实应变定义塑性。ABAQUS 需要这些值并对应地在输入文件中解释这些数据。然而，大多数实验数据常常是用名义应力和名义应变值给出的。这时，必须应用公式将塑性材料的名义应力、名义应变转换为真实值。

应力的真实值和名义值之间的关系如下：

$$\sigma = \sigma_{nom}(1 + \varepsilon_{nom}) \tag{5-4}$$

式中： ε_{nom} ——名义应变。

注意：对于拉伸实验， ε_{nom} 是正值；对于压缩实验， ε_{nom} 为负值。

在 ABAQUS 中，读者可以使用 *PLASTIC 选项来定义大部分金属的后屈服属性。ABAQUS 使用连接给定数据点的一系列直线来逼近材料光滑的应力-应变曲线。可以用任意多的数据点来逼近真实的材料性质。

*PLASTIC 选项中的数据将材料的真实屈服应力定义为真实塑性应变的函数。选项的第一个数据定义材料的初始屈服应力，因此，塑性应变值应该为零。

说明：关键词 *PLASTIC 下面第一行中的第二项数据必须为 0，其含义是在屈服点处的塑性应变为 0。如果此处的值不为 0，在运行中会出现错误信息："第一次屈服的塑性应变必须为零"。

定义塑性性能的材料实验数据中，提供的应变不仅包含材料的塑性应变，而且还包括材料的弹性应变，是材料的总体应变。所以必须将总应变分解为弹性和塑性应变分量。

弹性应变等于真实应力与杨氏模量的比值，从总体应变中减去弹性应变就得到了塑性应变，其关系表示为

$$\varepsilon^{pl} = \varepsilon^{t} - \varepsilon^{el} = \varepsilon^{t} - \frac{\sigma}{E} \tag{5-5}$$

式中： E ——杨氏模量；

ε^{t} ——总体应变；

ε^{el} ——弹性应变；

ε^{pl} ——塑性应变。

5.1.2 超弹性

超弹性是指材料存在一个弹性势能函数，该函数是应变张量的标准函数，其对应变分量的导数就是对应的应力分量，在卸载时应变可自动恢复的现象。应力和应变不再是线性对应的关系，而是以弹性势能函数的关系对应。

超弹性的性质包括应力和应变的关系，如图 5-2 所示，应力-应变呈明显的非线性关系，并且还有大应变，卸载时沿着加载路径的反方向返回，载荷回到 0，则应变（变形）也为 0。

从变形返回原来的样子这一点来说是弹性的，而超弹性模量所依赖的应变却是非线性的。具有这种性质的材料的分析使用超弹性分析，多数场合下伴随着大应变（变形）。

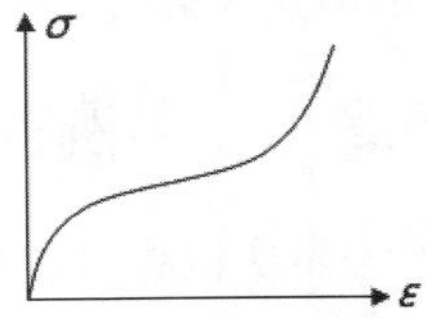

图 5-2 橡胶类材料的
应力-应变曲线

橡胶可以近似认为是具有可逆（弹性）响应的、非线性的材料，如图 5-2 所示，属于超弹性材料中的一种，此时泊松比为 0.5（非压缩材料）或者在其附近。

橡胶材料制成的 O 形环、垫圈、衬套、密封垫、轮胎等，在大变形场合都是利用 ABAQUS 的大变形、大应变性能。

5.1.3 粘弹性

塑料对应力的响应兼有弹性固体和粘性流体的双重特性，称为粘弹性。

粘弹性使塑料同时具有类似固体的特性，如弹性、强度等，同时具有类似液体的特性，如随时间、

温度、负荷大小和速率而变化的流动性。

蠕变是在恒定应力作用下，材料的应变随时间增加而逐渐增大的材料特性。

ABAQUS 提供了 3 种标准的粘弹性材料模型，即时间硬化模型、应变硬化模型和双曲正弦模型。

Note

1. 时间硬化模型

$$\overline{\varepsilon}'_{cr} = A\overline{q}^n t^m \tag{5-6}$$

式中：$\overline{\varepsilon}'_{cr}$——单轴等效蠕变应变速率；

$\overline{q}$——等效单轴偏应力；

t——总时间；

A、n 和 m——材料常数。

2. 应变硬化模型

$$\overline{\varepsilon}'_{cr} = \left(A\overline{q}^n [(m+1)\overline{\varepsilon}_{cr}]^m \right)^{\frac{1}{m+1}} \tag{5-7}$$

3. 双曲正弦模型

$$\overline{\varepsilon}'_{cr} = A(\sinh B\overline{q})^n \exp\left[-\frac{\Delta H}{R(\theta - \theta^Z)} \right] \tag{5-8}$$

式中：θ——温度；

θ^Z——用户定义温标的绝对零度；

ΔH——激活能；

R——普适气体常数；

A、B 和 n——材料常数。

5.2 实例——橡胶垫片压缩过程分析

本节将模拟橡胶垫片受压时的变形过程，帮助读者进一步学习超弹性材料的分析方法，熟悉应用 ABAQUS 解决非线性材料问题的功能。

5.2.1 实例描述

本实例将对橡胶垫片的压缩过程进行模拟，部件结构尺寸如图 5-3 所示。

（a）主视图　　　　（b）俯视图

图 5-3 部件结构尺寸

仿真过程中要注意以下几个问题。

☑　该问题研究的是结构的静态响应，所以分析类型设置为"静力，通用"（使用 ABAQUS/Standard

作为求解器)。

☑ 根据结构和载荷的特点,将按照平面问题来建模。

☑ 这是一个小变形问题,应在分析步模块中把参数的几何非线性状态设为关。

☑ 界面层选择粘性单元,它的损伤是 Maxs 损伤演化形式。

5.2.2 分析求解

1. 创建部件

1)创建橡胶垫片

启动 ABAQUS/CAE,进入"部件"模块,在工具区中单击"创建部件"按钮,打开"创建部件"对话框,在"名称"文本框中输入"Part-dian",设置"模型空间"为"轴对称",再依次选中"可变形"和"壳"单选按钮,如图 5-4 所示,然后单击"继续"按钮 继续... 。

单击左侧工具区中的"创建线:首尾相连"按钮 ,绘制顶点坐标分别为(0,10)、(17.5,10)、(17.5,11.25)、(22.5,11.25)、(22.5,0)、(0,0)、(0,10)的多边形。在视图区中双击鼠标中键确认,绘制好的部件如图 5-5(a)所示。

2)创建刚体压头

单击"创建部件"按钮 ,在打开对话框的"名称"文本框中输入"Part-tou",设置"模型空间"为"轴对称"、"类型"为"解析刚性",然后单击"继续"按钮 继续... 。单击"创建线:首尾相连"按钮 ,绘制顶点坐标分别为(0,15)、(17.5,15)、(17.5,20)、(0,20)的不封闭多边形,在视图区中双击鼠标中键确认。

为刚体创建参考点。在菜单栏中执行"工具"→"参考点"命令,选择刚体上表面中点,单击鼠标中键确认,绘制好的刚体部件如图 5-5(b)所示。

图 5-4 "创建部件"对话框

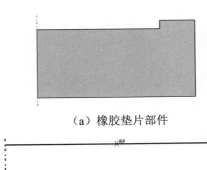

(a)橡胶垫片部件

(b)刚体压头部件

图 5-5 创建部件

> **注意:** 在"部件"模块中创建刚体,其参考点也需在"部件"模块中创建,这样建好的参考点也属于该部件。

2. 定义材料属性

在环境栏中的"模块"下拉列表框中选择"属性"选项,进入材料属性编辑界面。单击工具区中的"创建材料"按钮，打开"编辑材料"对话框，默认名称为"Material-1"。

选择"力学"→"弹性"→"弹性"选项，在下方出现的数据表中依次设置"杨氏模量"为"210000"、"泊松比"为"0.3"，如图 5-6（a）所示。

在"材料行为"选项组中依次选择"力学"→"塑性"→"塑性"选项。将表 5-1 所示的屈服应力和塑性应变值输入数据表中，如图 5-6（b）所示，单击"确定"按钮 确定 ，完成操作。

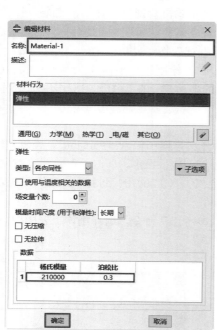

（a）定义杨氏模量   （b）定义屈服应力与应变

图 5-6   "编辑材料"对话框

表 5-1   屈服应力和塑性应变

序　　号	屈服应力/MPa	塑 性 应 变
1	418	0
2	500	0.01581
3	605	0.02983
4	829	0.15
5	882	0.25
6	908	0.35
7	921	0.45
8	932	0.55
9	955	0.65
10	988	0.75
11	1040	0.85

Note

3. 定义和指派截面属性

1）创建截面

单击工具区中的"创建截面"按钮，打开"创建截面"对话框，默认名称为"Section-1"，选中"实体"单选按钮，选择"均质"选项，如图 5-7 所示，单击"继续"按钮 继续... 。打开"编辑截面"对话框，在"材料"下拉列表框中选择"Material-1"选项，保持其他选项不变，如图 5-8 所示，单击"确定"按钮 确定 。

2）指派截面属性

在窗口顶部的环境栏的"部件"下拉列表框中选择"Part-dian"，单击工具区中的"指派截面"按钮，在视图区选择整个部件，单击提示区中的"完成"按钮 完成 （或在视图区中单击鼠标中键），打开"编辑截面指派"对话框，在"截面"下拉列表框中选择"Section-1"选项，如图 5-9 所示，单击"确定"按钮 确定 。

图 5-7　"创建截面"对话框

图 5-8　"编辑截面"对话框

4. 定义装配

在"模块"下拉列表框中选择"装配"选项，执行菜单栏中的"实例"→"创建"命令，打开"创建实例"对话框，选择"Part-dian"和"Part-tou"选项，保持各项默认值，如图 5-10 所示，单击"确定"按钮 确定 。

图 5-9　"编辑截面指派"对话框

图 5-10　"创建实例"对话框

5. 设置分析步

在"模块"下拉列表框中选择"分析步"选项，进入分析步编辑界面。单击工具区中的"分析步管理器"按钮，打开"分析步管理器"对话框，分别创建以下分析步。

（1）分析步 1（Step-jiechu）：给压头一个位移（5.01 mm），使压头和橡胶垫片平稳接触。单击

"创建"按钮，打开"创建分析步"对话框，在"名称"文本框中输入"Step-jiechu"，选择"静力，通用"类型，单击"继续"按钮，打开"编辑分析步"对话框，设置"几何非线性"为"开"，单击"确定"按钮，完成分析步1的设定。

（2）分析步2（Step-jiya）：在分析步1的基础上，给压头一个更大的位移，使压头对橡胶垫片形成挤压。单击"创建"按钮，在打开对话框的"名称"文本框中输入"Step-jiya"，选择"静力，通用"类型，单击"继续"按钮。打开"编辑分析步"对话框，此时，"几何非线性"的状态已默认为"开"，选择"增量"选项卡，在"初始"和"最大"下的文本框中输入"0.05"，如图5-11所示，单击"确定"按钮，完成分析步2的设定。

创建完毕后，"分析步管理器"对话框将显示所创建的分析步，如图5-12所示。

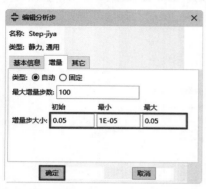

图5-11 "编辑分析步"对话框

图5-12 "分析步管理器"对话框

6. 划分网格

在"模块"下拉列表框中选择"网格"选项，进入网格功能界面，在窗口顶部的环境栏"对象"选项中选中"部件"单选按钮，然后在后面的下拉列表中选择"Part-dian"选项，采用结构化网格划分技术划分部件。

1）分割部件

单击工具区中的"拆分面：草图"按钮，进入草绘区，单击工具区中的"创建线：首尾相连"按钮，单击图5-13中所示的点1，水平移动鼠标，单击右侧边线上的点2绘制分割线，双击鼠标中键完成部件分割。

2）设置全局种子

单击工具区中的"种子部件"按钮，打开"全局种子"对话框，在"近似全局尺寸"文本框中输入"1"，如图5-14所示，单击"确定"按钮，完成部件种子的布置，如图5-15所示。

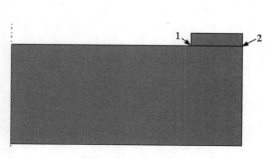

图5-13 分割部件

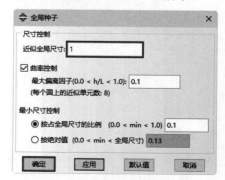

图5-14 "全局种子"对话框

3）定义网格属性

单击工具区中的"指派网格控制属性"按钮，在视图区将部件全选，单击提示区中的"完成"按钮 完成，打开"网格控制属性"对话框，设置"单元形状"为"四边形"、"技术"为"结构"，如图 5-16 所示，单击"确定"按钮 确定，此时部件颜色变为绿色。

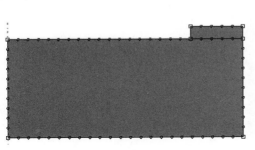

图 5-15　布置部件种子

图 5-16　"网格控制属性"对话框

4）设定单元类型

单击工具区中的"指派单元类型"按钮，在视图区将部件全选，单击提示区中的"完成"按钮 完成，打开"单元类型"对话框，设置"几何阶次"为"线性"，在"四边形"选项卡中选中"非协调模式"复选框，其他各项保持默认值，此时的单元类型为 CAX4I，如图 5-17 所示，单击"确定"按钮 确定。

5）划分网格

单击工具区中的"为部件划分网格"按钮，在视图区中单击鼠标中键，完成网格的划分，如图 5-18 所示。

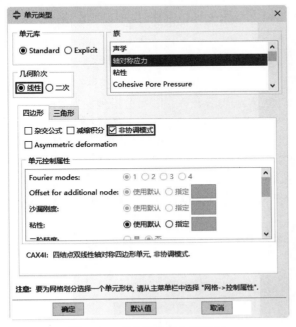

图 5-17　"单元类型"对话框

图 5-18　对部件划分网格

单击工具栏中的"保存模型数据库"按钮，保存模型。

7. 定义接触

在"模块"下拉列表框中选择"相互作用"选项，进入接触功能界面。

1）定义集合

在菜单栏中执行"工具"→"表面"→"管理器"命令，打开"表面管理器"对话框，单击"创建"按钮 创建... ，在打开对话框的"名称"文本框中输入"Surf-tou-B"，单击"继续"按钮 继续... ，选中刚体下表面，此时提示区中显示"选择一边作为边：深红，黄色"，选择刚体外部所对应的箭头颜色。

按照上述方法创建如图 5-19 所示的各面集合。集合创建完毕后，"表面管理器"对话框如图 5-20 所示。

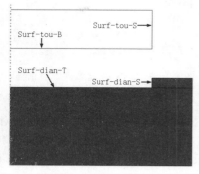

图 5-19 定义集合

图 5-20 "表面管理器"对话框

2）定义无摩擦接触属性

单击工具区中的"创建相互作用属性"按钮 ，打开"创建相互作用属性"对话框，直接单击"继续"按钮 继续... ，打开"编辑接触属性"对话框，单击"确定"按钮 确定 ，无摩擦接触属性创建完毕。

> **注意：** ABAQUS 的默认接触属性即为无摩擦接触属性。

3）定义接触

单击工具区中的"相互作用管理器"按钮 ，打开"相互作用管理器"对话框，单击"创建"按钮 创建... ，打开"创建相互作用"对话框，"名称"默认为"Int-1"，设置"分析步"为"Step-jiechu"，单击"继续"按钮 继续... 。提示区提示选择主面，单击提示区右侧的"表面"按钮 表面... ，打开"区域选择"对话框，选择"Surf-tou-B"选项，单击"继续"按钮 继续... 。提示选择类型，单击"表面"按钮 表面... ，再次打开"区域选择"对话框，选择"Surf-dian-T"选项，单击"继续"按钮 继续... ，打开"编辑相互作用"对话框，如图 5-21 所示，单击"确定"按钮 确定 。

按照上述方法，以"Surf-tou-S"为主面，以"Surf-dian-S"为从面，定义接触。定义接触后的模型如图 5-22 所示。

> **注意：** 在主面、从面的选择上，通常以刚度大的为主面，反之为从面。

8. 边界条件和载荷

在"模块"下拉列表框中选择"载荷"选项，进入载荷功能界面。

1）定义集合

执行菜单栏中的"工具"→"集"→"管理器"命令，打开"设置管理器"对话框，依次创建下列集合。

（1）Set-Fix 集合：橡胶垫片上施加固支边界条件的端面。

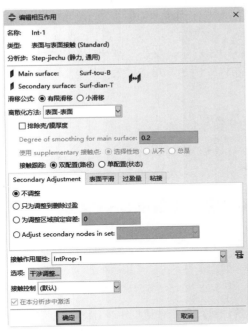

图 5-21　"编辑相互作用"对话框

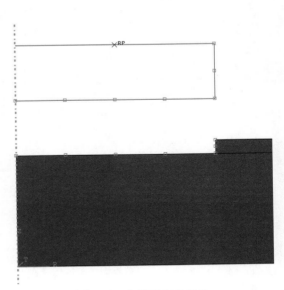

图 5-22　为模型定义接触

单击"创建"按钮 创建... ，打开"创建集"对话框，在"名称"文本框中输入"Set-Fix"，单击"继续"按钮 继续... ，选中如图 5-23（a）所示端面，在视图区中单击鼠标中键确认，Set-Fix 集合建立完毕。

（2）Set-Symm 集合：橡胶垫片上施加对称约束的各端面。

单击"创建"按钮 创建... ，在打开对话框的"名称"文本框中输入"Set-Symm"，单击"继续"按钮 继续... ，选择如图 5-23（b）所示端面，在视图区中单击鼠标中键确认，Set-Symm 集合建立完毕。

（3）Set-P 集合：刚体压头的参考点。

单击"创建"按钮 创建... ，在打开对话框的"名称"文本框中输入"Set-P"，单击"继续"按钮 继续... ，选择刚体上表面参考点 RP，如图 5-23（c）所示，在视图区中单击鼠标中键确认，Set-P 集合建立完毕。

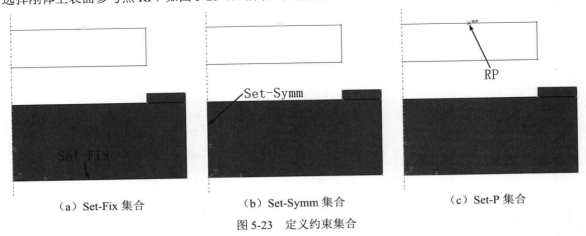

（a）Set-Fix 集合　　　　　（b）Set-Symm 集合　　　　　（c）Set-P 集合

图 5-23　定义约束集合

2）定义边界条件

单击工具区中的"边界条件管理器"按钮 ，打开"边界条件管理器"对话框，单击"创建"按

钮 创建... ，打开"创建边界条件"对话框，在"名称"文本框中输入"BC-Fix"，设置"分析步"为"Initial"（初始步）、"可用于所选分析步的类型"为"位移/转角"，如图 5-24 所示，单击"继续"按钮 继续... 。打开"区域选择"对话框，选择"Set-Fix"选项，如图 5-25 所示，单击"继续"按钮 继续... 。在打开的"编辑边界条件"对话框中选中"U2"复选框，如图 5-26 所示，单击"确定"按钮 确定... 。

图 5-24 "创建边界条件"对话框

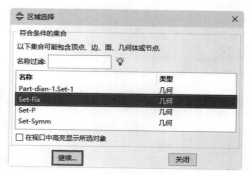

图 5-25 "区域选择"对话框

按照上述方法为垫片施加对称边界条件。在"边界条件管理器"对话框中单击"创建"按钮 创建... ，打开"创建边界条件"对话框，在"名称"文本框中输入"BC-Symm"，设置"分析步"为"Initial"（初始步）、"可用于所选分析步的类型"为"位移/转角"，单击"继续"按钮 继续... 。打开"区域选择"对话框，选择"Set-Symm"选项，单击"继续"按钮 继续... 。在打开的"编辑边界条件"对话框中选中"U1"复选框，单击"确定"按钮 确定 ，对称边界条件创建完成。

为刚体定义位移边界条件。在"边界条件管理器"对话框中单击"创建"按钮 创建... ，打开"创建边界条件"对话框，在"名称"文本框中输入"BC-P"，设置"分析步"为"Step-jiechu"、"可用于所选分析步的类型"为"位移/转角"，单击"继续"按钮 继续... 。打开"区域选择"对话框，选择"Set-P"选项，单击"继续"按钮 继续... 。在打开的"编辑边界条件"对话框中选中"U1""U2""UR3"复选框，并在"U2"文本框中输入"-5.01"，如图 5-27 所示，单击"确定"按钮 确定 。

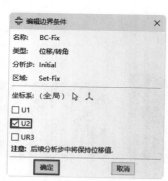

图 5-26 "编辑边界条件"对话框 1

图 5-27 "编辑边界条件"对话框 2

创建分析步 Step-jiya 的刚体位移。在"边界条件管理器"对话框中，选择"BC-P"边界条件在"Step-jiya"下的"传递"选项，然后单击"编辑"按钮 编辑... ，打开"编辑边界条件"对话框，将"U2"文本框的数值修改为"-6.5"，单击"确定"按钮 确定 ，创建好的边界条件如图 5-28 所示。

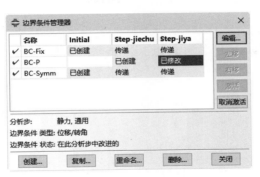

图 5-28 边界条件

5.2.3 结果处理

1. 提交分析作业

在"模块"下拉列表框中选择"作业"选项,单击工具区中的"作业管理器"按钮 ,打开"作业管理器"对话框,单击"创建"按钮 创建... ,打开"创建作业"对话框,设置"名称"为"Job-cailiao-1",如图 5-29 所示,单击"继续"按钮 继续... 。打开"编辑作业"对话框,保持各项默认值不变,单击"确定"按钮 确定 。

此时新创建的作业显示在"作业管理器"对话框中,如图 5-30 所示。单击工具栏中的"保存模型数据库"按钮 ,保存所创建的模型,然后单击"提交"按钮 提交 ,提交分析作业。

图 5-29 "创建作业"对话框

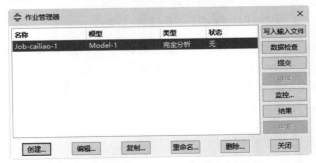

图 5-30 "作业管理器"对话框

单击"监控"按钮 监控... ,打开"Job-cailiao-1 监控器"对话框并进行分析,分析完成后,单击"关闭"按钮 关闭 ,关闭对话框,然后单击"结果"按钮 结果 ,进入"可视化"模块。

2. 后处理

如上文所述,在"作业"模块中完成分析计算后直接进入"可视化"模块进行后处理。具体操作步骤如下。

1)显示变形图

单击工具区中的"绘制变形图"按钮 ,显示出变形后的网格模型,如图 5-31 所示。

2)显示云纹图

单击工具区中的"在变形图上绘制云图"按钮 ,可显示出 Mises 应力云纹图。执行菜单栏中的"结果"→"场输出"命令,在打开的"场输出"对话框中可以选择输出变量的类型,软件中默认为主应力输出,如图 5-32 所示。

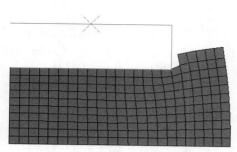

图 5-31　变形后的网格模型

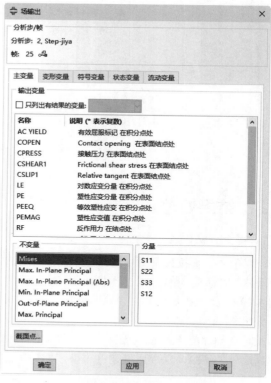

图 5-32　"场输出"对话框

　　单击"场输出"对话框中的"分析步/帧"按钮 ，在打开的"分析步/帧"对话框中可以选择性地显示某一个分析步的增量步所对应的云纹图。如图 5-33（a）和图 5-33（b）所示，分别为第一个分析步结束后的应力云纹图和第二个分析步结束后的应力云纹图。

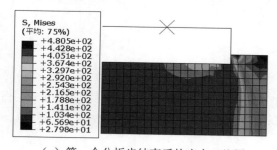

（a）第一个分析步结束后的应力云纹图

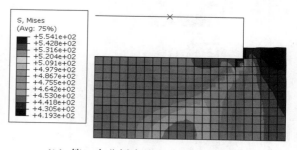

（b）第二个分析步结束后的应力云纹图

图 5-33　Mises 应力云纹图

5.3　实例——悬臂梁受压过程分析

　　本节将模拟悬臂梁受压时的变形过程，帮助读者学习弹塑性材料的分析方法，进一步掌握 ABAQUS 解决非线性材料问题的功能。

5.3.1　实例描述

本实例将对悬臂梁受压过程进行模拟仿真，部件受力示意图如图 5-34 所示。

图 5-34　部件受力示意图

5.3.2　分析求解

1. 创建部件

（1）启动 ABAQUS/CAE，进入"部件"模块，单击工具区中的"创建部件"按钮，打开"创建部件"对话框，在"名称"文本框中输入"Part-liang"，设置"模型空间"为"三维"，再依次选择"可变形""实体""拉伸"选项，如图 5-35 所示，然后单击"继续"按钮。

（2）单击工具区中的"创建线：矩形（四条线）"按钮，绘制顶点坐标分别为（0,0）、（50,5）的矩形。在视图区双击鼠标中键，打开"编辑基本拉伸"对话框，在"深度"文本框中输入"5"，如图 5-36 所示，单击"确定"按钮。

图 5-35　"创建部件"对话框

图 5-36　"编辑基本拉伸"对话框

2. 定义材料属性

（1）在环境栏中的"模块"下拉列表框中选择"属性"选项，进入材料属性编辑界面。单击工具区中的"创建材料"按钮，打开"编辑材料"对话框，默认名称为"Material-1"。

（2）设置弹性常数。在"材料行为"选项组中依次选择"力学"→"弹性"→"弹性"选项。此时，在下方出现的数据表中依次设置"杨氏模量"为"210000"、"泊松比"为"0.3"，如图 5-37（a）所示。

（3）设置塑性常数。选择"力学"→"塑性"→"塑性"选项。此时，在下方出现的数据表中依次设置"屈服应力"为"380"、"塑性应变"为"0"，如图 5-37（b）所示，单击"确定"按钮 确定。

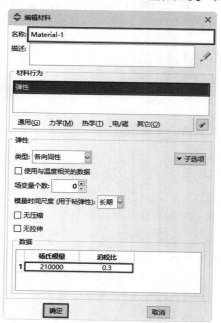

（a）设置弹性常数 　　　　　　（b）设置塑性常数

图 5-37　"编辑材料"对话框

3. 定义和指派截面属性

1）创建截面

单击工具区中的"创建截面"按钮，打开"创建截面"对话框，默认名称为"Section-1"，选择"实体"和"均质"选项，如图 5-38 所示，单击"继续"按钮 继续...。打开"编辑截面"对话框，在"材料"下拉列表框中选择"Material-1"选项，采用默认设置，如图 5-39 所示，单击"确定"按钮 确定。

2）指派截面属性

单击工具区中的"指派截面"按钮，在视图区中选择整个部件，单击提示区中的"完成"按钮 完成（或在视图区中单击鼠标中键），打开"编辑截面指派"对话框，如图 5-40 所示，单击"确定"按钮 确定，完成截面属性的定义。

图 5-38　"创建截面"对话框　　图 5-39　"编辑截面"对话框　　图 5-40　"编辑截面指派"对话框

4. 定义装配

在"模块"下拉列表框中选择"装配"选项，执行菜单栏中的"实例"→"创建"命令，打开"创建实例"对话框，保持各项默认值，如图 5-41 所示，单击"确定"按钮 **确定**。

5. 设置分析步

在"模块"下拉列表框中选择"分析步"选项，进入分析步编辑界面。单击工具区中的"分析步管理器"按钮 ▦，打开"分析步管理器"对话框，分别创建以下分析步。

（1）分析步 1（Step-L）：在部件上表面加载 10 kN 的分布载荷。单击"创建"按钮 **创建...**，打开"创建分析步"对话框，在"名称"文本框中输入"Step-L"，选择"静力，通用"类型，单击"继续"按钮 **继续...**。在打开的"编辑分析步"对话框中单击"确定"按钮 **确定**，完成分析步 1 的设定。

（2）分析步 2（Step-SL）：保持分析步 1 中的分布载荷，在部件的右端面再加载 10 kPa 的剪切应力。单击"创建"按钮 **创建...**，在打开对话框的"名称"文本框中输入"Step-SL"，选择"静力，通用"类型，单击"继续"按钮 **继续...**。在打开的"编辑分析步"对话框中单击"确定"按钮 **确定**，完成分析步 2 的设定。

（3）分析步 3（Step-S）：撤销分析步 1 中的分布载荷，保持部件右端面 10 kPa 的剪切应力不变。单击"创建"按钮 **创建...**，在打开对话框的"名称"文本框中输入"Step-S"，选择"静力，通用"类型，单击"继续"按钮 **继续...**。在打开的"编辑分析步"对话框中单击"确定"按钮 **确定**，完成分析步 3 的设定。

创建完毕后，"分析步管理器"对话框将显示所创建的分析步，如图 5-42 所示。

图 5-41　"创建实例"对话框

图 5-42　"分析步管理器"对话框

6. 划分网格

在"模块"下拉列表框中选择"网格"选项，进入网格功能界面，在窗口顶部的环境栏"对象"选项中选中"部件"单选按钮。此时部件显示为绿色，表明可使用结构化网格划分技术来生成网格，因此可直接对部件生成结构化网格。

1）设置全局种子

单击工具区中的"种子部件"按钮 ▥，打开"全局种子"对话框，设置"近似全局尺寸"为"1"，如图 5-43 所示，单击"确定"按钮 **确定**。此时提示区中出现"布种定义完毕"，单击后面的"完成"按钮 **完成**，完成种子定义。

2）定义网格属性

单击工具区中的"指派网格控制属性"按钮 ▥，打开"网格控制属性"对话框，设置"单元形状"为"六面体"、"技术"为"结构"，如图 5-44 所示，单击"确定"按钮 **确定**。

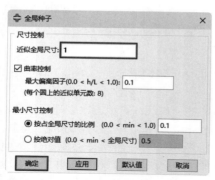

图 5-43　"全局种子"对话框

图 5-44　"网格控制属性"对话框

3）设定单元类型

单击工具区中的"指派单元类型"按钮，在视图区中将部件全选，单击提示区中的"完成"按钮，打开"单元类型"对话框，设置"几何阶次"为"线性"，其他各项保持默认值，此时的单元类型为 C3D8R，如图 5-45 所示，单击"确定"按钮。

4）划分网格

单击工具区中的"为部件划分网格"按钮，在视图区中单击鼠标中键，完成网格划分，如图 5-46 所示。

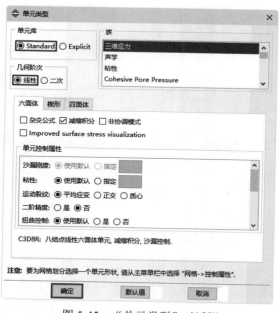

图 5-45　"单元类型"对话框

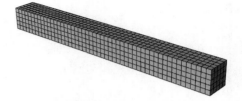

图 5-46　为部件划分网格

单击工具栏中的"保存模型数据库"按钮，保存所创建的模型。

7．边界条件和载荷

1）定义集合和载荷面

在"模块"下拉列表框中选择"载荷"选项，进入载荷编辑界面。执行菜单栏中的"工具"→

"集"→"管理器"命令，打开"设置管理器"对话框，依次创建下列集合。

- ☑ Set-Fix 集合：悬臂梁上施加固支边界条件的端面。单击"创建"按钮 创建... ，打开"创建集"对话框，在"名称"文本框中输入"Set-Fix"，单击"继续"按钮 继续... 。选中如图 5-47（a）所示的端面，在视图区中单击鼠标中键确认，Set-Fix 集合建立完毕。
- ☑ 载荷面 Surf-L：悬臂梁上施加分布力的上端面。执行菜单栏中的"工具"→"表面"→"创建"命令，打开"创建表面"对话框，在"名称"文本框中输入"Surf-L"，单击"继续"按钮 继续... 。选中如图 5-47（b）所示的端面，在视图区单击鼠标中键确认，Surf-L 集合建立完毕。
- ☑ 载荷面 Surf-S：悬臂梁上施加剪力的右端面。同样，执行菜单栏中的"工具"→"表面"→"创建"命令，打开"创建表面"对话框，在"名称"文本框中输入"Surf-S"，单击"继续"按钮 继续... 。选中如图 5-47（c）所示的端面，在视图区单击鼠标中键确认，Surf-S 集合建立完毕。

（a）Set-Fix 集合　　　　　　（b）载荷面 Surf-L　　　　　　（c）载荷面 Surf-S

图 5-47　定义约束集合

2）定义边界条件

在上文中已对施加固支边界条件及对称边界条件的区域创建了集合，在此可直接定义部件的边界条件。单击工具区中的"创建边界条件"按钮 ，打开"创建边界条件"对话框，在"名称"文本框中输入"BC-Fix"，设置"分析步"为"Initial"（初始步）、"可用于所选分析步的类型"为"位移/转角"，如图 5-48 所示，单击"继续"按钮 继续... 。在提示区中单击"集"按钮 集 ，打开"区域选择"对话框，选择"Set-Fix"选项，如图 5-49 所示，单击"继续"按钮 继续... 。在打开的"编辑边界条件"对话框中选中"U1""U2""U3"复选框，如图 5-50 所示，单击"确定"按钮 确定 。

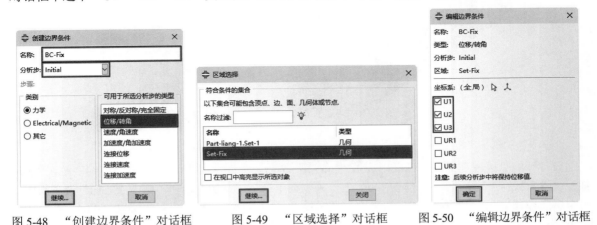

图 5-48　"创建边界条件"对话框　　　图 5-49　"区域选择"对话框　　　图 5-50　"编辑边界条件"对话框

3）定义载荷

单击工具区中的"载荷管理器"按钮 ，在打开的"载荷管理器"对话框中单击"创建"按钮 创建... ，打开"创建载荷"对话框，在"名称"文本框中输入"Load-L"，设置"分析步"为"Step-L"，选择

ABAZUS 2022 中文版有限元分析从入门到精通

载荷类型为"压强",如图 5-51 所示,单击"继续"按钮 继续... 。

在打开的"区域选择"对话框中选中"Surf-L"选项,如图 5-52 所示,单击"继续"按钮 继续... 。打开"编辑载荷"对话框,在"大小"文本框中输入"10",单击"确定"按钮 确定 ,得到的部件如图 5-53 所示。

图 5-51 "创建载荷"对话框

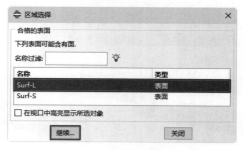

图 5-52 "区域选择"对话框

下面定义剪切应力。在"载荷管理器"对话框中再次单击"创建"按钮 创建... ,在打开对话框的"名称"文本框中输入"Load-S",设置"分析步"为"Step-SL",选择载荷类型为"表面载荷",如图 5-54 所示,单击"继续"按钮 继续... 。

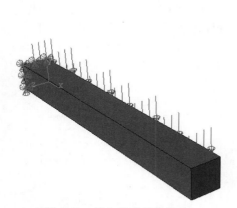

图 5-53 施加载荷后的部件

图 5-54 "创建载荷"对话框

在打开的"区域选择"对话框中选中"Surf-S"选项,如图 5-55 所示,单击"继续"按钮 继续... 。打开"编辑载荷"对话框,在"牵引力"下拉列表框中选择"剪切"选项,单击"方向"选项组中的"编辑"按钮 ,为剪应力设置作用方向,此时提示区中显示一组初始坐标(0.0,0.0,0.0),在视图区中单击鼠标中键确认,此时提示区要求填入一组终点坐标,在窗口区中输入(0.0,-1.0,0.0),再单击鼠标中键确认,在"大小"文本框中输入"10",如图 5-56 所示,单击"确定"按钮 确定 。得到的部件如图 5-57 所示。

取消分析步 3 中的分布力载荷。在"载荷管理器"对话框中选择"Load-S"对应的"Step-S"下的"传递"选项，单击右侧菜单中的"取消激活"按钮。

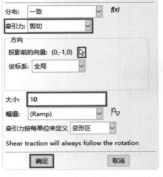

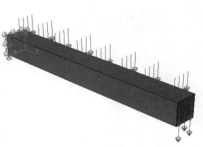

图 5-55 "区域选择"对话框　　图 5-56 "编辑载荷"对话框　　图 5-57 施加载荷后的部件

5.3.3 结果处理

1. 提交分析作业

在"模块"下拉列表框中选择"作业"选项，单击工具区中的"作业管理器"按钮，打开"作业管理器"对话框，单击"创建"按钮。打开"创建作业"对话框，设置"名称"为"Job-cailiao-2"，如图 5-58 所示。单击"继续"按钮，打开"编辑作业"对话框，保持各项默认值不变，单击"确定"按钮。

此时新创建的作业显示在"作业管理器"对话框中，如图 5-59 所示。单击工具栏中的"保存模型数据库"按钮，保存所创建的模型，然后单击"提交"按钮，提交分析作业。

图 5-58 "创建作业"对话框

图 5-59 "作业管理器"对话框

单击"监控"按钮，打开"Job-cailiao-2 监控器"对话框并进行分析，分析完成后，单击"关闭"按钮，关闭对话框，然后单击"结果"按钮，进入"可视化"模块。

2. 后处理

如上文所述，在"作业"模块中完成分析计算后直接进入"可视化"模块进行后处理。

1）显示变形图

单击工具区中的"绘制变形图"按钮，显示变形后的网格模型，如图 5-60 所示。

2）显示云纹图

单击工具区中的"在变形图上绘制云图"按钮 🔧，软件会显示出最后一个分析步结束时的 Mises 应力云纹图，如图 5-61 所示。

图 5-60　变形后的网格模型

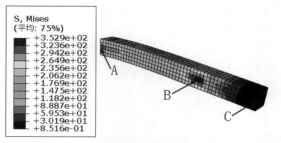

图 5-61　Mises 应力云纹图

3）绘制应力-应变曲线

单击工具区中的"创建 XY 数据"按钮 📊，打开"创建 XY 数据"对话框，选中"ODB 场变量输出"单选按钮，单击"继续"按钮 继续... 。打开"来自 ODB 场输出的 XY 数据"对话框，选择"变量"选项卡，在"位置"下拉列表框中选择"积分点"选项，展开"E：应变分量"列表，选中"Max,Principal"复选框，再展开"S：应力分量"列表，选中"Mises"复选框，如图 5-62 所示。

图 5-62　"来自 ODB 场输出的 XY 数据"对话框

选择"单元/结点"选项卡，在"方法"选项组中选择"从视图中拾取"选项，单击"编辑选择集"按钮，在部件固定端选择一点，单击鼠标中键确认。再单击"添加选择集"按钮，此时再按照上述方法，分别在应力最大位置及悬臂梁右端各选择一点，如图 5-61 所示。在对话框中单击在固定端选择的点，单击"绘制"按钮 绘制 ，将显示该点的主应力及应变在 3 个分析步中的曲线图，如图 5-63（a）所示。

同理，还可画出另外两点的应力与应变曲线图，如图 5-63（b）和图 5-63（c）所示。

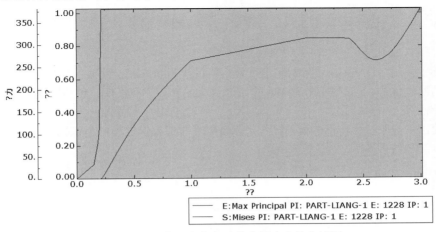

（a）A 点应力及应变在 3 个分析步中的曲线图

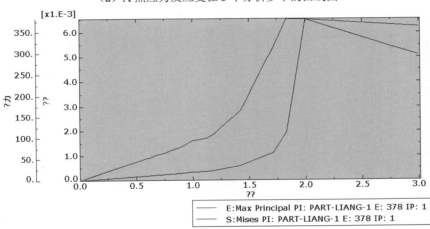

（b）B 点应力及应变在 3 个分析步中的曲线图

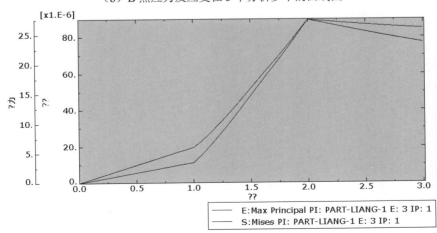

（c）C 点应力及应变在 3 个分析步中的曲线图

图 5-63　梁上 3 点的应力与应变曲线图

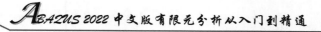

5.4 本章小结

    本章介绍了使用 ABAQUS 进行材料非线性分析的步骤和方法，使读者了解使用 ABAQUS 进行非线性分析的巨大优势。ABAQUS 材料库中包含强大的材料非线性库，包括延性金属的塑性、界面层材料损伤特性等。

    本章还给出了橡胶垫片压缩的模拟过程及悬臂梁受压的模拟过程，使读者充分掌握定义塑性等非线性材料的方法和过程。

第 **6** 章

模态分析

通过本章的学习，读者可以掌握使用 ABAQUS 进行模态分析的步骤和方法，为应用 ABAQUS 进行更深入的动力学分析打下基础。

模态分析主要用于确定结构和机器零部件的振动特性（固有频率和振型），模态分析也是其他动力学分析（如谐响应分析、瞬态动力学分析以及谱分析等）的基础。用模态分析可以确定一个结构的频率和振型。本章主要介绍如何应用 ABAQUS 进行模态分析。

☑ 了解模态分析的基本概念。

☑ 掌握使用 ABAQUS 进行模态分析的方法。

任务驱动&项目案例

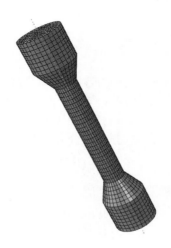

6.1 动力学分析概述

如果只考虑结构受载后的长期效应，静力分析是足够的，然而，如果加载过程很短或者载荷在性质上是动态的，则必须考虑动力学分析。

6.1.1 动力学分析简介

动力学分析常用于描述下列物理现象。
- ☑ 冲击：如冲压、汽车的碰撞等。
- ☑ 地震载荷：如地震、冲击波等。
- ☑ 随机振动：如汽车的颠簸、火箭发射等。
- ☑ 振动：如由旋转机械引起的振动。
- ☑ 变化载荷：如一些旋转机械的载荷。

每一种物理现象都要按照一定类型的动力学分析来解决，在工程应用中，经常使用的动力学分析类型如下。
- ☑ 谐响应分析：用于确定结构对稳态简谐载荷的响应。如对旋转机械的轴承和支撑结构施加稳定的交变载荷，这些作用力随着转速的不同引起不同的偏转和应力。
- ☑ 频谱分析：用于分析结构对地震等频谱载荷的响应。如地震多发区的房屋框架和桥梁应能够承受地震载荷。
- ☑ 随机振动分析：用来分析部件结构对随机振动的响应。如太空飞船和飞行器部件必须能够承受持续一段时间的变频载荷。
- ☑ 模态分析：用于在指定频率的谐波激励下，计算引起结构响应的振幅和相位，得到的结果在频域上。其典型的分析对象包括发动机的零部件和建筑中的旋转机械等。
- ☑ 瞬态动力学分析：用于分析结构对随时间变化的载荷的响应。如设计汽车保险杠以保证其可以承受低速撞击，设计网球拍框架以保证其能够承受网球的冲击并且允许发生轻微的弯曲。

6.1.2 模态分析简介

1. 模态分析概述

模态分析即自由振动分析，是研究结构动力特性的一种近代方法，是系统辨别方法在工程振动领域中的应用。模态是机械结构的固有振动特性，每一个模态都具有特定的固有频率、阻尼比和模态振型。模态参数可以由计算或实验分析取得，这个过程被称为模态分析。

模态分析的经典定义是将线性定常系统振动微分方程组中的物理坐标变换为模态坐标，使方程组解耦，成为一组以模态坐标及模态参数描述的独立方程，以便求出系统的模态参数。坐标变换的变换矩阵为模态矩阵，其每列为模态振型。

对于模态分析，振动频率 ω_i 和模态 ϕ_i 由下面的方程计算求出：

$$([K] - \omega_i^2[M])\{\phi_i\} = 0 \tag{6-1}$$

这里假设[K]和[M]是定值，这就要求材料是线弹性的、使用小位移理论（不包括非线性）、无阻尼（[C]）、无激振力（[F]）。

模态分析的最终目标是识别出系统的模态参数，为结构系统的振动特性分析、振动故障诊断和预报以及结构动力特性的优化设计提供依据。模态分析的应用可归结为以下方面。

☑　评价现有结构系统的动态特性。
☑　在新产品设计中进行结构动态特性的预估和优化设计。
☑　诊断及预报结构系统的故障。
☑　控制结构的辐射噪声。
☑　识别结构系统的载荷。

2．有预应力的模态分析

受不变载荷作用产生应力作用下的结构可能会影响固有频率，尤其是对于那些在某一个或两个尺度上很薄的结构，因此在某些情况下执行模态分析时可能需要考虑预应力影响。进行预应力分析时首先需要进行静力结构分析，计算公式为

$$[K]\{x\} = \{F\} \tag{6-2}$$

得出的应力刚度矩阵用于计算结构分析（$[\sigma_0] \rightarrow [S]$），这样原来的模态方程即可修改为

$$([K + S] - \omega_i^2 [M])\{\phi_i\} = 0 \tag{6-3}$$

上式即为存在预应力的模态分析公式。

6.2　模态分析概述

模态分析是各种动力学分析类型中基础的内容，结构和系统的振动特性决定了结构和系统对于其他各种动力载荷的响应情况，所以，一般情况下，在进行其他动力学分析之前首先要进行模态分析。

6.2.1　模态分析的功能

模态分析有以下几个功能。
☑　可以使结构设计避免共振或按照特定的频率进行振动。
☑　可以认识到对于不同类型的动力载荷，结构是如何响应的。
☑　有助于在其他动力学分析中估算求解控制参数（如时间步长）。

6.2.2　模态分析的步骤

模态分析中的 4 个主要步骤如下。

1．建模
☑　必须定义密度。
☑　只能使用线性单元和线性材料，非线性性质将被忽略。

2．定义分析步类型并设置相应选项
☑　定义一个线性摄动步的频率提取分析步。
☑　模态提取选项和其他选项。

3．施加边界条件、载荷并求解
☑　施加边界条件。不允许有非零位移约束；对称边界条件只产生对称的振型，所以将会丢失一些振型；施加必须的约束来模拟实际的固定情况；在没有施加约束的方向上计算刚体振型。
☑　施加外部载荷。因为振动被假定为自由振动，所以忽略外部载荷。然而，程序形成的载荷向量可以在随后的模态叠加分析中使用位移约束。

Note

视频演示

☑ 求解。通常采用一个载荷步。为了研究不同位移约束的效果，可以采用多载荷步（例如，对称边界条件采用一个载荷步，反对称边界条件采用另一个载荷步）。

4．结果处理

提取所需要的分析结果，并且对结果进行相关的评价，指导工程、科研中的实际应用。

6.3　实例——圆棒的结构模态分析

6.3.1　创建部件

（1）启动 ABAQUS/CAE，进入"部件"模块，在工具区中单击"创建部件"按钮 ，打开"创建部件"对话框，在"名称"文本框中输入"Part-bang"，设置"模型空间"为"三维"，再依次选择"可变形""实体""旋转"，如图 6-1 所示，然后单击"继续"按钮 继续... 。

（2）单击工具区中的"创建线：首尾相连"按钮 ，绘制顶点坐标分别为（0,0）、（0,100）、（10,100）、（10,85）、（5,75）、（5,25）、（10,15）、（10,0）和（0,0）的多边形。在视图区双击鼠标中键，打开"编辑旋转"对话框，在"角度"文本框中输入"360"，如图 6-2 所示，单击"确定"按钮 确定 。

图 6-1　"创建部件"对话框

图 6-2　"编辑旋转"对话框

6.3.2　定义材料属性

（1）在环境栏中的"模块"下拉列表框中选择"属性"选项，进入材料属性编辑界面。单击工具区中的"创建材料"按钮 ，打开"编辑材料"对话框，默认名称为"Material-1"。

（2）设置弹性常数。在"材料行为"选项组中依次选择"力学"→"弹性"→"弹性"选项。此时，在下方出现的数据表中依次设置"杨氏模量"为"210000"、"泊松比"为"0.3"，如图 6-3（a）所示。

（3）设置材料密度。在"材料行为"选项组中选择"通用"→"密度"选项。此时，在下方出现的"质量密度"中输入"7.8e-9"，如图 6-3（b）所示，单击"确定"按钮 确定 。

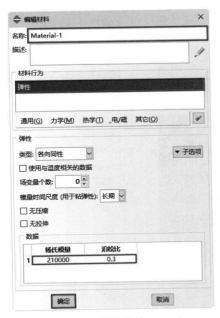

（a）弹性常数　　　　　　　　　　（b）物质密度

图 6-3　"编辑材料"对话框

6.3.3　定义和指派截面属性

1. 创建截面

单击工具区中的"创建截面"按钮，打开"创建截面"对话框，默认名称为"Section-1"，选择"实体"和"均质"选项，如图 6-4 所示，单击"继续"按钮 继续... 。打开"编辑截面"对话框，在"材料"下拉列表框中选择"Material-1"选项，如图 6-5 所示，单击"确定"按钮 确定 。

2. 指派截面属性

单击工具区中的"指派截面"按钮，在视图区选择整个部件，单击提示区中的"完成"按钮 完成 （或在视图区单击鼠标中键），打开"编辑截面指派"对话框，如图 6-6 所示，单击"确定"按钮 确定 ，完成截面属性的定义。

图 6-4　"创建截面"对话框　　　图 6-5　"编辑截面"对话框　　　图 6-6　"编辑截面指派"对话框

6.3.4 定义装配

在"模块"下拉列表框中选择"装配"选项，执行菜单栏中的"实例"→"创建"命令，打开"创建实例"对话框，保持各项默认值，如图 6-7 所示，单击"确定"按钮 确定 。

6.3.5 设置分析步

在"模块"下拉列表框中选择"分析步"选项，进入分析步编辑界面。单击工具区中的"创建分析步"按钮 ，打开"创建分析步"对话框，在"名称"文本框中输入"Step-Freq"，设置"程序类型"为"线性摄动"，并在下方列表中选择"频率"选项，如图 6-8（a）所示，单击"继续"按钮 继续... 。打开"编辑分析步"对话框，在"数值"文本框中输入"30"，如图 6-8（b）所示，单击"确定"按钮 确定 ，完成分析步的设定。

图 6-7　"创建实例"对话框

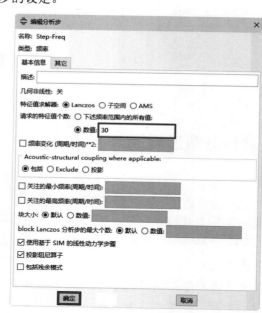

（a）"创建分析步"对话框　　（b）"编辑分析步"对话框

图 6-8　创建分析步

6.3.6 划分网格

在"模块"下拉列表框中选择"网格"选项，进入网格功能界面，在窗口顶部的环境栏"对象"选项中选中"部件"单选按钮。

1. 设置全局种子

单击工具区中的"种子部件"按钮 ，打开"全局种子"对话框，设置"近似全局尺寸"为"2"，如图 6-9 所示，单击"确定"按钮 确定 。

2. 定义网格属性

单击工具区中的"指派网格控制属性"按钮▦，打开"网格控制属性"对话框，设置"单元形状"为"六面体"，如图6-10所示，单击"确定"按钮 确定 。

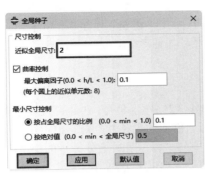

图6-9 "全局种子"对话框

图6-10 "网格控制属性"对话框

3. 设定单元类型

单击工具区中的"指派单元类型"按钮▦，在视图区将部件全选，单击鼠标中键，打开"单元类型"对话框，设置"几何阶次"为"线性"，其他选项保持默认值，此时的单元类型为C3D8R，如图6-11所示，单击"确定"按钮 确定 。

4. 划分网格

单击工具区中的"为部件划分网格"按钮▦，在视图区单击鼠标中键，完成网格的划分，如图6-12所示。

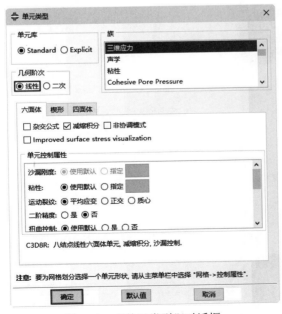

图6-11 "单元类型"对话框

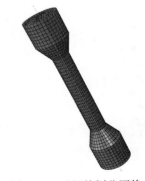

图6-12 对部件划分网格

单击工具栏中的"保存模型数据库"按钮，保存所创建的模型。

6.3.7 边界条件和载荷

视频演示

1. 定义集合和载荷面

在"模块"下拉列表框中选择"载荷"选项，进入载荷编辑界面。执行菜单栏中的"工具"→"集"→"管理器"命令，打开"设置管理器"对话框，单击"创建"按钮，打开"创建集"对话框，在"名称"文本框中输入"Set-Fix"，单击"继续"按钮，选中如图 6-13 所示的端面，在视图区单击鼠标中键确认，Set-Fix 集合建立完毕。

2. 定义边界条件

在上文中已对施加固支边界条件及对称边界条件的区域创建了集合，在此可直接定义部件的边界条件。单击工具区中的"创建边界条件"按钮，打开"创建边界条件"对话框，在"名称"文本框中输入"BC-Fix"，设置"分析步"为"Initial"（初始步）、"可用于所选分析步的类型"为"对称/反对称/完全固定"，如图 6-14 所示，单击"继续"按钮。在提示区单击"集"按钮，打开"区域选择"对话框，选择"Set-Fix"选项，如图 6-15 所示，单击"继续"按钮。打开"编辑边界条件"对话框，选中"完全固定（U1=U2=U3=UR1=UR2=UR3=0）"单选按钮，如图 6-16 所示，单击"确定"按钮。

图 6-13　定义 Set-Fix 集合

图 6-14　"创建边界条件"对话框

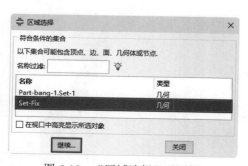

图 6-15　"区域选择"对话框

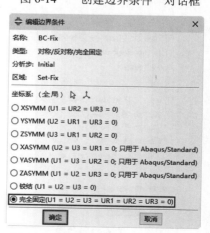

图 6-16　"编辑边界条件"对话框

6.3.8 提交分析作业

（1）在"模块"下拉列表框中选择"作业"选项，单击工具区中的"作业管理器"按钮■，打开"作业管理器"对话框，单击"创建"按钮 创建…，打开"创建作业"对话框，设置"名称"为"Job-bang"，如图 6-17 所示，单击"继续"按钮 继续…，打开"编辑作业"对话框，保持各项默认值不变，单击"确定"按钮 确定。

（2）此时新创建的作业显示在"作业管理器"对话框中，如图 6-18 所示。单击工具栏中的"保存模型数据库"按钮■，保存所创建的模型，然后单击"提交"按钮 提交，提交分析作业。

图 6-17 "创建作业"对话框

图 6-18 "作业管理器"对话框

（3）单击"监控"按钮 监控，打开"Job-bang 监控器"对话框并进行分析，分析完成后，单击"关闭"按钮 关闭，关闭对话框，然后单击"结果"按钮 结果，进入"可视化"模块。

6.3.9 后处理

如上文所述，在"作业"模块中完成分析计算后直接进入"可视化"模块进行后处理。

1．显示变形图

单击工具区中的"在变形图上绘制云图"按钮■，此时软件会显示部件的位移云纹图，如图 6-19所示。

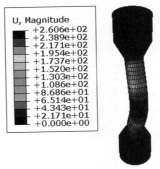

图 6-19 位移云纹图

2．显示部件各阶模态的振型图

执行菜单栏中的"结果"→"场输出"命令，打开"场输出"对话框，单击"分析步/帧"按钮■，打开"分析步/帧"对话框，如图 6-20 所示，选择"帧"列表中"索引"为"2"的数据，单击"应用"按钮 应用。此时视图区显示出部件二阶模态的振型，如图 6-21（a）所示，同理可以显示表中列出的各阶模态，如图 6-21（b）～图 6-21（f）所示。

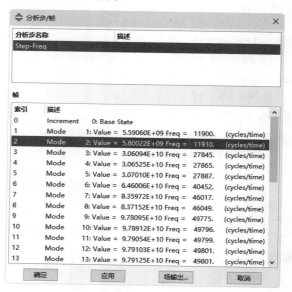

图 6-20　"分析步/帧"对话框

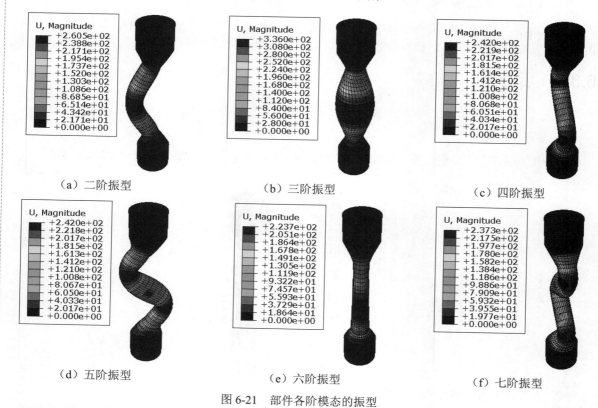

（a）二阶振型　　　　　　　　（b）三阶振型　　　　　　　　（c）四阶振型

（d）五阶振型　　　　　　　　（e）六阶振型　　　　　　　　（f）七阶振型

图 6-21　部件各阶模态的振型

3. 显示节点随模态变化的位移曲线

单击工具区中的"创建 XY 数据"按钮📊，打开"创建 XY 数据"对话框，选中"ODB 场变量输出"单选按钮，单击"继续"按钮 继续... 。打开"来自 ODB 场输出的 XY 数据"对话框，选择"变量"选项卡，在"位置"下拉列表框中选择"唯一结点的"选项，如图 6-22 所示，展开"U：空间位移"列表，选中"Magnitude"复选框；选择"单元/结点"选项卡，单击"编辑选择集"按钮 编辑选择集 ，在部件上选择一点，单击鼠标中键确认，在对话框的列表中单击选择的点，单击"绘制"按钮 绘制 ，将显示该点的位移随模态的变化曲线，如图 6-23 所示。

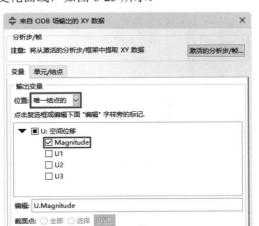

图 6-22 "来自 ODB 场输出的 XY 数据"对话框

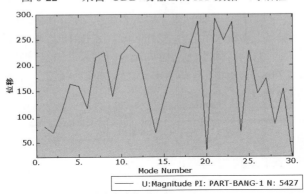

图 6-23 位移随模态的变化曲线

6.4 实例——弹壳的结构模态分析

6.4.1 创建部件

（1）启动 ABAQUS/CAE，进入"部件"模块，在工具区中单击"创建部件"按钮 ，打开"创建部件"对话框，在"名称"文本框中输入"Part-danke"，设置"模型空间"为"三维"，再依次选择"可变形""壳""旋转"选项，如图 6-24 所示，然后单击"继续"按钮 继续... 。

（2）单击工具区中的"创建线：首尾相连"按钮 ，绘制顶点坐标分别为（7.5,95）、（7.5,80）、（15,65）、（15,5）、（10,5）、（10,3）、（15,3）、（15,0）及（0,0）的多段线，如图 6-25 所示。在视图区双击鼠标中键，打开"编辑旋转"对话框，在"角度"文本框中输入"360"，如图 6-26 所示，单击"确定"按钮 确定 。

视频演示

图 6-24 "创建部件"对话框

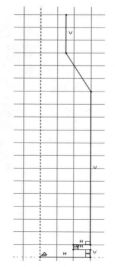

图 6-25 模型草图

图 6-26 "编辑旋转"对话框

6.4.2 定义材料属性

（1）在环境栏的"模块"下拉列表框中选择"属性"选项，进入材料属性编辑界面。单击工具区中的"创建材料"按钮，打开"编辑材料"对话框，默认名称为"Material-1"。

（2）设置弹性常数。在"材料行为"选项组中依次选择"力学"→"弹性"→"弹性"选项。此时，在下方出现的数据表中依次设置"杨氏模量"为"210000"、"泊松比"为"0.3"，如图 6-27（a）所示。

（3）设置材料密度。在"材料行为"选项组中选择"通用"→"密度"选项。此时，在下方出现的"质量密度"中输入"7.8e-9"，如图 6-27（b）所示，单击"确定"按钮。

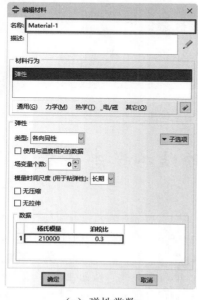

（a）弹性常数

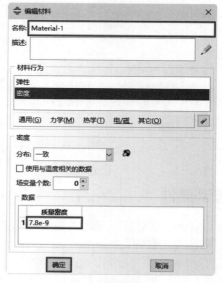

（b）材料密度

图 6-27 "编辑材料"对话框

6.4.3　定义和指派截面属性

1. 定义截面属性

单击工具区中的"创建截面"按钮，打开"创建截面"对话框，设置"类别"为"壳"，其他各项默认不变，单击"继续"按钮 继续… 。打开"编辑截面"对话框，设置"壳的厚度"中的"数值"为"1"，保持其他各项不变，如图 6-28 所示，单击"确定"按钮 确定 。

2. 指派截面属性

单击工具区中的"指派截面"按钮，在视图区选择整个模型，单击提示区中的"完成"按钮 完成（或在视图区单击鼠标中键），打开"编辑截面指派"对话框，保持各项默认值，如图 6-29 所示，单击"确定"按钮 确定 。

图 6-28　"编辑截面"对话框

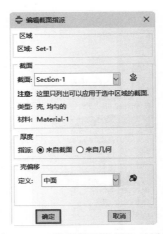

图 6-29　"编辑截面指派"对话框

6.4.4　定义装配

在"模块"下拉列表框中选择"装配"选项，执行菜单栏中的"实例"→"创建"命令，打开"创建实例"对话框，保持各项默认值，如图 6-30 所示，单击"确定"按钮 确定 。

图 6-30　"创建实例"对话框

6.4.5　设置分析步

在"模块"下拉列表框中选择"分析步"选项，进入分析步编辑界面。单击工具区中的"创建分析步"按钮●←■，打开"创建分析步"对话框，在"名称"文本框中输入"Step-Freq"，设置"程序类型"为"线性摄动"，并在下方列表中选择"频率"选项，如图 6-31（a）所示，单击"继续"按钮 继续... 。打开"编辑分析步"对话框，在"数值"文本框中输入"20"，如图 6-31（b）所示，单击"确定"按钮 确定 ，完成分析步的设定。

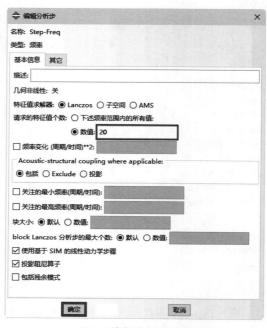

（a）"创建分析步"对话框　　　　　　（b）"编辑分析步"对话框

图 6-31　创建分析步

6.4.6　划分网格

在"模块"下拉列表框中选择"网格"选项，进入网格功能界面，在窗口顶部的环境栏"对象"选项中选中"部件"单选按钮。

1．设置全局种子

单击工具区中的"种子部件"按钮🅛，打开"全局种子"对话框，设置"近似全局尺寸"为"2"，如图 6-32 所示，单击"确定"按钮 确定 。

2．定义网格属性

单击工具区中的"指派网格控制属性"按钮🅛，在视图区将部件全选，单击提示区中的"完成"按钮 完成 ，打开"网格控制属性"对话框，设置"单元形状"为"四边形"，如图 6-33 所示，单击"确定"按钮 确定 。

3．设定单元类型

单击工具区中的"指派单元类型"按钮🅛，在视图区将部件全选，打开"单元类型"对话框，设置"几何阶次"为"线性"，其他选项保持默认值，此时的单元类型为 S4R，如图 6-34 所示，单击"确定"按钮 确定 。

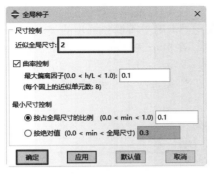

图 6-32　"全局种子"对话框

图 6-33　"网格控制属性"对话框

4. 划分网格

单击工具区中的"为部件划分网格"按钮，在视图区单击鼠标中键，完成网格的划分，如图 6-35 所示。

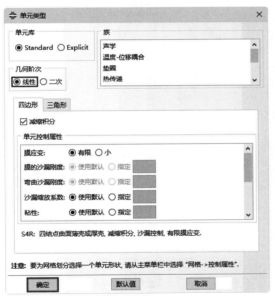

图 6-34　"单元类型"对话框

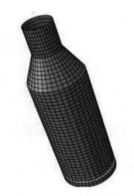

图 6-35　对部件划分网格

单击工具栏中的"保存模型数据库"按钮，保存模型。

6.4.7　边界条件和载荷

1. 定义集合和载荷面

在"模块"下拉列表框中选择"载荷"选项，进入载荷编辑界面。执行菜单栏中的"工具"→"集"→"管理器"命令，打开"设置管理器"对话框，单击"创建"按钮，打开"创建集"对话框，在"名称"文本框中输入"Set-Fix"，单击"继续"按钮 继续... ，选中如图 6-36 所示的 3 个端面，在视图区单击鼠标中键确认，Set-Fix 集合建立完毕。

2. 定义边界条件

在上文中已对施加固支边界条件及对称边界条件的区域创建了集合，在此可直接定义部件的边界条件。单击工具区中的"创建边界条件"按钮，打开"创建边界条件"对话框，在"名称"文本框中输入"BC-Fix"，设置"分析步"为"Initial"（初始步）、"可用于所选分析步的类型"为"对称/反对称/完全固定"，如图 6-37 所示，单击"继续"按钮。在提示区单击"集"按钮，打开"区域选择"对话框，选择"Set-Fix"选项，如图 6-38 所示，单击"继续"按钮。在打开的"编辑边界条件"对话框中选中"完全固定（U1=U2=U3=UR1=UR2=UR3=0）"单选按钮，如图 6-39 所示，单击"确定"按钮。

图 6-36　Set-Fix 集合

图 6-37　"创建边界条件"对话框

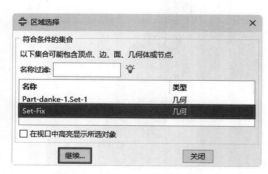

图 6-38　"区域选择"对话框

图 6-39　"编辑边界条件"对话框

6.4.8　提交分析作业

（1）在"模块"下拉列表框中选择"作业"选项，单击工具区中的"作业管理器"按钮，打开"作业管理器"对话框，单击"创建"按钮，打开"创建作业"对话框，设置"名称"为"Job-danke"，如图 6-40 所示，单击"继续"按钮，打开"编辑作业"对话框，保持各项默认值不变，单击"确定"按钮。

（2）此时新创建的作业显示在"作业管理器"对话框中，如图 6-41 所示。单击工具栏中的"保存模型数据库"按钮，保存所创建的模型，然后单击"提交"按钮，提交分析作业。

（3）单击"监控"按钮，打开"Job-danke 监控器"对话框并进行分析，分析完成后，单击"关闭"按钮 <u>关闭</u>，关闭对话框，然后单击"结果"按钮 <u>结果</u>，进入"可视化"模块。

图 6-40　"创建作业"对话框　　　　　图 6-41　"作业管理器"对话框

6.4.9　后处理

如上文所述，在"作业"模块中完成分析计算后直接进入"可视化"模块进行后处理。

1. 显示变形图

单击工具区中的"在变形图上绘制云图"按钮 <u>↘</u>，显示部件的位移云纹图，如图 6-42 所示。

2. 显示部件各阶模态的振型图

执行菜单栏中的"结果"→"场输出"命令，打开"场输出"对话框，单击"分析步/帧"按钮 <u>⊹</u>，打开"分析步/帧"对话框，如图 6-43 所示，选中"帧"列表中的各行数据，单击"应用"按钮 <u>应用</u>。此时视图区显示出部件相应模态的振型，这里给出 6 组振型，如图 6-44 所示。

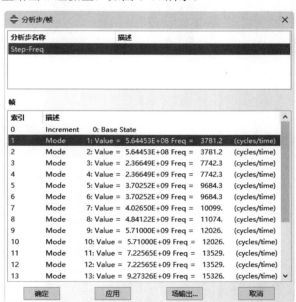

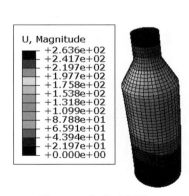

图 6-42　位移云纹图　　　　　　　　图 6-43　"分析步/帧"对话框

3. 显示节点随模态变化的位移曲线

单击工具区中的"创建 XY 数据"按钮 <u>XY</u>，打开"创建 XY 数据"对话框，选中"ODB 场变量输出"单选按钮，单击"继续"按钮 <u>继续</u>。打开"来自 ODB 场输出的 XY 数据"对话框，选择"变量"选项卡，在"位置"下拉列表框中选择"唯一结点的"选项，展开"U：空间位移"列表，选中"Magnitude"复选框，如图 6-45 所示；选择"单元/结点"选项卡，单击"编辑选择集"按钮，在部件上选一点，单击鼠标中键确认，再单击"添加选择集"按钮 添加选择集 ，列表中打开"在视口中选择结点"，此时可以重复添加待查看的点。添加完毕后，可在对话框的列表中选择待查看的点，单击"绘制"按钮，将显示待查看点的位移随模态的变化曲线，如图 6-46 所示。

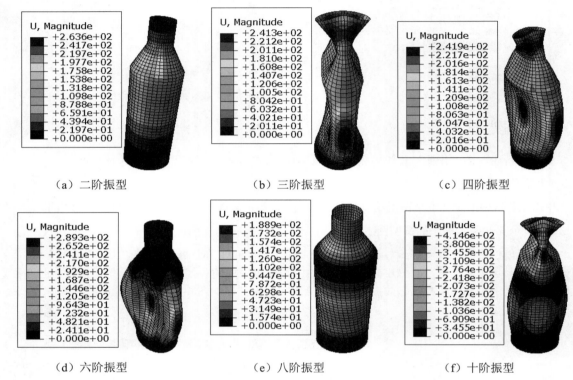

（a）二阶振型 　　　　　（b）三阶振型 　　　　　（c）四阶振型

（d）六阶振型 　　　　　（e）八阶振型 　　　　　（f）十阶振型

图 6-44　部件各阶模态的振型

图 6-45　"来自 ODB 场输出的 XY 数据"对话框

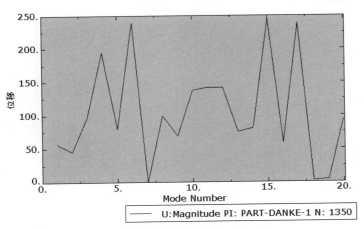

图 6-46　位移随模态的变化曲线

6.5　本章小结

　　动力学分析在现实的生产和生活中很常见，能够进行模态分析是 ABAQUS 的一个重要优势。

　　本章介绍了使用 ABAQUS 进行模态分析的步骤和方法，使读者了解使用 ABAQUS 进行模态分析的巨大优势。本章分析的模型包括圆棒的结构模态分析和弹壳的结构模态分析。

第7章

显式非线性动态分析

本章将重点介绍使用 ABAQUS 进行显式分析的步骤和方法，使读者熟练掌握应用 ABAQUS 进行显式分析的解题过程。

显式动态程序对于求解各种类型的非线性固体和结构力学问题是一种非常实用有效的工具，这是对隐式求解器（如 ABAQUS/Standard）的一个补充。从用户的角度来看，显式与隐式方法的区别在于，显式方法需要很小的时间增量步，它仅取决于模型的最高固有频率，而与载荷的类型和持续的时间无关；而隐式方法对时间增量步的大小没有内在的限制，增量的大小通常依赖于精度和收敛情况。

☑ 了解显式分析的基础理论。

☑ 熟悉钢球与钢板撞击过程的分析。

任务驱动&项目案例

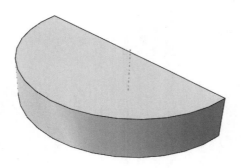

7.1　ABAQUS/Explicit 适用的问题类型

在研究探讨显式动态程序怎样工作之前，需要首先了解 ABAQUS/Explicit 适合于求解哪类问题。

1. 高速动力学事件

最初发展显式动力学方法的目的是分析那些用隐式方法分析可能极其费时的高速动力学事件。作为这种类型模拟的例子，本章分析了一块钢板在瞬态冲击载荷下的响应。因为短时间迅速施加的巨大载荷，结构的响应在这段时间内变化得非常快。对于捕获动力响应，精确地跟踪板内的应力波是非常重要的。因为应力波与系统的最高阶频率相互关联，所以为了得到精确解答，需要许多足够小的时间增量。

2. 复杂的接触问题

相对于应用隐式方法建立接触条件的公式，应用显式动力学方法要容易得多。ABAQUS/Explicit 能够比较容易地解决多个独立物体相互作用的复杂接触问题，特别适合应用于分析受冲击载荷并随后在结构内部发生复杂相互接触作用的结构的瞬间动态响应问题。

3. 复杂的后屈曲问题

ABAQUS/Explicit 能够比较容易地解决不稳定的后屈曲问题。在这类问题中，随着载荷的施加，结构的刚度会发生剧烈的变化。在后屈曲响应中常常涉及接触相互作用的影响。

4. 高度非线性的准静态问题

由于各种不同的原因，ABAQUS/Explicit 往往能够有效地解决某些在本质上是静态的问题。准静态过程模拟问题（包括复杂的接触，如锻造、滚压和薄板成形等过程）一般属于这一类型问题。薄板成形问题通常包含非常大的膜变形、褶皱和复杂的摩擦接触条件；块体成形问题的特征包括大扭曲、瞬间变形以及与模具之间的相互接触。

5. 材料退化和失效

在隐式分析程序中，材料的退化和失效常常导致严重的收敛困难，但是 ABAQUS/Explicit 能够很好地模拟这类材料。材料退化中的一个例子是混凝土开裂的模型，其拉伸裂缝导致了材料的刚度变为负值。金属的延性断裂失效模型是一个材料失效的例子，其材料刚度能够退化并且一直降低到零，在这段时间中，单元从模型中被完全除掉。

这些类型分析的每一个问题都有可能包含温度和热传导的影响。

7.2　动力学显式有限元方法

本节讲述了 ABAQUS/Explicit 求解器的算法，对隐式和显式时间积分做了比较，并探讨了显式方法的优越性。

7.2.1　显式时间积分

ABAQUS/Explicit 应用中心差分方法对运动方程进行显式的时间积分，应用一个增量步的动力学条件计算下一个增量步的动力学条件。在增量步开始时，程序求解动力学平衡方程，表示为节点质量

矩阵 M 乘以节点加速度 $\ddot{u}$ 等于节点的合力（所施加的外力 P 与单元内力 I 的差值），即

$$Mu = P - I \tag{7-1}$$

在当前增量步开始时（t 时刻），计算加速度为

$$\ddot{u}_{(t)} = (M)^{-1}(P_{(t)} - I_{(t)}) \tag{7-2}$$

由于显式算法总是采用一个对角的或者集中的质量矩阵，所以求解加速度并不复杂，不必同时求解联立方程。任何节点的加速度完全取决于节点质量和作用在节点上的合力，使得节点计算的成本非常低。

对加速度在时间上进行积分采用中心差分方法，在计算速度的变化时假定加速度为常数。应用这个速度的变化值加上前一个增量步中点的速度来确定当前增量步中点的速度，即

$$\dot{u}_{\left(t+\frac{\Delta t}{2}\right)} = \dot{u}_{\left(t-\frac{\Delta t}{2}\right)} + \frac{\left(\Delta t_{(t+\Delta t)} + \Delta t_{(t)}\right)}{2}\ddot{u}_t \tag{7-3}$$

速度对时间的积分加上在增量步开始时的位移以确定增量步结束时的位移，即

$$u_{(t+\Delta t)} = u_{(t)} + \Delta t_{(t+\Delta t)}\dot{u}_{\left(t+\frac{\Delta t}{2}\right)} \tag{7-4}$$

这样，在增量步开始时提供了满足动力学平衡条件的加速度。得到了加速度，在时间上显式地前推速度和位移。所谓显式，是指增量步结束时的状态仅依赖于该增量步开始时的位移、速度和加速度。为了使该方法产生精确的结果，时间增量必须相当小，这样在增量步中加速度几乎为常数。由于时间增量步必须很小，所以一个典型的分析需要成千上万个增量步。幸运的是，因为不必同时求解联立方程组，所以每一个增量步的计算成本很低，大部分的计算成本消耗在单元的计算上，以此确定作用在节点上的单元内力。单元的计算包括确定单元应变和应用材料本构关系（单元刚度）确定单元应力，从而进一步计算内力。

下面给出了显式动力学方法的总结。

（1）节点计算。

动力学平衡方程：

$$\ddot{u}_{(t)} = (M)^{-1}(P_{(t)} - I_{(t)}) \tag{7-5}$$

对时间显式积分：

$$\dot{u}_{\left(t+\frac{\Delta t}{2}\right)} = \dot{u}_{\left(t-\frac{\Delta t}{2}\right)} + \frac{\left(\Delta t_{(t+\Delta t)} + \Delta t_{(t)}\right)}{2}\ddot{u}_t \tag{7-6}$$

$$u_{(t+\Delta t)} = u_{(t)} + \Delta t_{(t+\Delta t)}\dot{u}_{\left(t+\frac{\Delta t}{2}\right)} \tag{7-7}$$

（2）单元计算。

根据应变率 $\dot{\varepsilon}$，计算单元应变增量 $\mathrm{d}\varepsilon$。

根据本构关系计算应力 σ：

$$\sigma_{(t+\Delta t)} = f(\sigma_{(t)}, \mathrm{d}\varepsilon) \tag{7-8}$$

（3）设置时间 t 为 $t+\Delta t$，返回到步骤（1）。

7.2.2　比较隐式和显式时间积分程序

对于隐式和显式时间积分程序，都是以所施加的外力 P、单元内力 I 和节点加速度的形式定义平衡，即

$$Mu = P - I \tag{7-9}$$

式中，M 是质量矩阵。两个程序求解节点加速度，并应用同样的单元计算以获得单元内力，两个程序之间最大的不同在于求解节点加速度的方式上。在隐式程序中，通过直接求解的方法求解一组线性方程组，与应用显式方法节点计算的成本相比，求解这组方程组的计算成本要高得多。

在完全牛顿迭代求解方法的基础上，ABAQUS/Standard 使用自动增量步。在时刻 $t+\Delta t$ 增量步结束时，牛顿方法寻求满足动力学平衡方程，并计算出同一时刻的位移。由于隐式算法是无条件稳定的，所以时间增量 Δt 比应用显式方法的时间增量相对大一些。对于非线性问题，每一个典型的增量步需要经过几次迭代才能获得满足给定容许误差的解答。每次牛顿迭代都会得到对于位移增量 Δu_j 的修正值 c_j。每次迭代需要求解的一组瞬时方程为

$$\hat{K}_j c_j = p_j - I_j - M_j \ddot{u}_j \tag{7-10}$$

对于较大的模型，这是一个高成本的计算过程。有效刚度矩阵 $\hat{K}_j$ 是关于本次迭代的切向刚度矩阵和质量矩阵的线性组合，直到这些量（如力残差、位移修正值等）满足了给定的容许误差才结束迭代。对于一个光滑的非线性响应，牛顿方法以二次速率收敛，迭代相对误差的描述如表 7-1 所示。

表 7-1　迭代相对误差

迭　代	相　对　误　差	迭　代	相　对　误　差
1	1	3	10^{-4}
2	10^{-2}	…	…

然而，如果模型包含高度的非连续过程，如接触和滑动摩擦，则有可能失去二次收敛，并需要大量的迭代过程。为了满足平衡条件，需要减小时间增量的值。在极端情况下，在隐式分析中的求解时间增量值可能与在显式分析中的典型稳定时间增量值在同一量级上，但是仍然承担着隐式迭代的高成本求解问题。在某些情况下，应用隐式方法甚至可能不会收敛。

在隐式分析中，每一次迭代都需要求解大型的线性方程组，这一过程需要占用大量的计算资源、磁盘空间和内存。对于大型问题，对这些方程求解器的需求优于对单元和材料的计算的需求，这同样适用于 ABAQUS/Explicit 分析。随着问题尺度的增加，对方程求解器的需求迅速增加，因此在实践中，隐式分析的最大尺度常常取决于给定计算机中的磁盘空间和可用内存的大小，而不是取决于需要的计算时间。

7.2.3　显式时间积分方法的优越性

显式方法尤其适用于求解高速动力学事件，它需要许多小的时间增量来获得高精度的解答。如果事件持续的时间十分短，则可能得到高效率的解答。

在显式方法中可以很方便地模拟接触条件和其他一些极度不连续的情况，并且能够逐个节点地求解而不必迭代。为了平衡在接触时的外力和内力，可以调整节点加速度。

显式方法最显著的特点是没有在隐式方法中所需要的整体切向刚度矩阵。由于是显式地前推模型的状态，所以不需要迭代和收敛准则。

7.3　自动时间增量和稳定性

稳定性限制了 ABAQUS/Explicit 求解器所能采用的最大时间步长，这是应用 ABAQUS/Explicit

进行计算的一个重要因素。本节将描述稳定性限制并讨论如何在 ABAQUS/Explicit 中确定这个值，还将讨论影响稳定性限制的有关模型设计参数，这些模型参数包括模型的质量、材料和网格划分。

7.3.1　显式方法的条件稳定性

应用显式方法，基于在增量步开始时刻 t 的模型状态，通过时间增量Δt 前推当前时刻的模型状态。这使得状态能够前推并仍能够保持对问题的精确描述的时间是非常短的，如果时间增量大于这个最大的时间步长，则此时间增量已经超出稳定性限制。超出稳定性限制的一个可能后果就是数值不稳定，从而导致解答不收敛。由于一般情况下不可能精确地确定稳定性限制，因而通常采用保守的估计值。因为稳定性限制对可靠性和精确性有很大的影响，所以必须一致并保守地确定这个值。为了提高计算效率，ABAQUS/Explicit 选择时间增量，使其尽可能地接近而且又不超过稳定性限制。

7.3.2　稳定性限制的定义

以在系统中最高频率 $\omega_{\max}$ 的形式定义稳定性限制。无阻尼的稳定极限由式（7-11）定义：

$$\Delta t_{\text{stable}} = \frac{2}{\omega_{\max}} \tag{7-11}$$

而有阻尼的稳定极限由下式定义：

$$\Delta t_{\text{stable}} = \frac{2}{\omega_{\max}} \left(\sqrt{1 + \xi^2} - \xi \right) \tag{7-12}$$

式中，ξ 是最高频率模态的临界阻尼部分（临界阻尼定义了在自由的和有阻尼的振动关系中，有振荡运动与无振荡运动之间的限制。为了控制高频振荡，ABAQUS/Explicit 总是以体积黏性的形式引入一个小量的阻尼）。这也许与工程上的直觉相反，阻尼通常是减小稳定性限制的。

系统中的实际最高频率一般是基于一组复杂的相互作用因素，因而不大可能计算出确切的值。代替的办法是应用一个有效的和保守的简单估算，不考虑模型整体，而是估算在模型中每个个体单元的最高频率，它总是与膨胀模态有关。可以证明，以逐个单元为基础确定的最高单元频率总是高于有限元组合模型的最高频率。

基于逐个单元的估算，稳定极限可以用单元长度 L^e 和材料波速 c_d 重新定义：

$$\Delta t_{\text{stable}} = \frac{L^e}{c_d} \tag{7-13}$$

因为没有明确如何确定单元的长度，所以对于大多数单元类型，如一个扭曲的四边形单元，上述方程只是关于实际的逐个单元稳定极限的估算。作为近似值，可以采用最短的单元尺寸，但是估算的结果并不一定是保守的。单元长度越短，稳定极限越小。波速是材料的一个特性，对于泊松比为零的线弹性材料，其满足如下公式：

$$c_d = \sqrt{\frac{E}{\rho}} \tag{7-14}$$

式中，E 是杨氏模量，ρ 是材料密度。材料的刚度越大，波速越高，导致越小的稳定极限；密度越高，波速越低，导致越大的稳定极限。

这种简单的稳定极限定义提供了某些直觉上的理解。稳定极限是当膨胀波通过由单元特征长度定义的距离时所需要的时间。如果知道最小的单元尺寸和材料的波速，就能够估算稳定极限。例如，如果最小单元尺寸是 5 mm，膨胀波速是 5000 m/s，那么稳定的时间增量就在 1×10^{-6} s 的量级上。

7.3.3　ABAQUS/Explicit 中的完全自动时间增量与固定时间增量

在分析过程中，ABAQUS/Explicit 应用在 7.3.2 节的方程中调整时间增量的值，使得基于模型的当前状态的稳定极限永不越界。时间增量是自动的，并不需要用户干涉，甚至不需要建议初始的时间增量。稳定极限是从数值模型得来的一个数学概念，因为有限元程序包含了所有的相关细节，所以能够确定出一个有效的和保守的稳定极限。然而，ABAQUS/Explicit 允许用户不考虑自动时间增量。

在显式分析中所采用的时间增量必须小于中心差分算子的稳定极限。如果未能使用足够小的时间增量，则会导致不稳定的解答。当解答不稳定时，求解变量（如位移）的时间历史响应一般会出现振幅不断增加的振荡，总体的能量平衡也将发生显著的变化。如果模型只包含一种材料，则初始时间增量直接与网格中的最小单元尺寸成正比；如果网格中包含了均匀尺寸的单元，且同时包含多种材料，那么具有最大波速的单元将决定初始的时间增量。

在具有大变形和/或非线性材料响应的非线性问题中，模型的最高频率将连续变化，并导致稳定极限的变化。对于时间增量的控制，ABAQUS/Explicit 有两种方案：完全的自动时间增量（程序中考虑了稳定极限的变化）和固定的时间增量。

ABAQUS/Explicit 应用两种估算方法确定稳定极限：逐个单元法和整体法。在分析开始时总是使用逐个单元估算法，并在一定的条件下转变为整体估算法。逐个单元估算法是保守的，与基于整体模型最高频率的真正的稳定极限相比较，它将给出一个更小的稳定时间增量。一般来说，约束（如边界条件）和动力学接触具有压缩特征值响应谱的效果，而逐个单元估算法没有考虑这种效果。另一方面，整体估算法应用当前的膨胀波速确定整个模型的最高阶频率，这种算法为了得到最高频率，将连续地更新估算值。一般来说，整体估算法允许时间增量超出逐个单元估算法得到的值。

ABAQUS/Explicit 也提供了固定时间增量算法。固定时间增量的值可以由逐个单元估算法确定，也可以由用户直接指定。当要求更精确地表达问题的高阶模态响应时，固定时间增量算法是更有效的，在这种情况下，可能采用比逐个单元估算法更小的时间增量值。如果在分析步中应用了固定时间增量，那么 ABAQUS/Explicit 将不再检查计算的响应是否稳定。通过仔细检查能量历史和其他响应变量，用户应当确保得到有效的响应。

7.3.4　质量缩放以控制时间增量

由于质量密度影响稳定极限，所以在某些情况下，缩放质量密度能够潜在地提高分析的效率。例如，许多模型需要复杂的离散，因此有些区域常常包含控制稳定极限得非常小或者形状极差的单元。这些控制单元常常数量很少并且可能只存在于局部区域，仅通过提高这些控制单元的质量，就可以显著地增加稳定极限，而对模型的整体动力学行为的影响是可以忽略的。

ABAQUS/Explicit 的自动质量缩放功能可以阻止这些有缺陷的单元对稳定极限的影响。质量缩放可以采用两种基本方法：一种是直接定义一个缩放因子；另一种是对质量有缺陷的单元逐个定义所需要的稳定时间增量，这两种方法都允许对稳定极限附加用户控制。然而，采用质量缩放时也要小心，因为模型质量的显著变化可能会限制稳态时间增量的下降。

7.3.5　材料对稳定极限的影响

材料模型通过它对膨胀波速的限制作用来影响稳定极限。在线性材料中波速是常数，所以，在分析过程中稳定极限的唯一变化来自最小单元尺寸的变化；在非线性材料中，如产生塑性的金属材料，当材料屈服和材料的刚度变化时，波速也会发生变化。在整个分析过程中，ABAQUS/Explicit 监控模型中材料的有效波速，并应用在每个单元中的当前材料状态估算稳定性。材料在屈服之后刚度下降，减小了波速并相应地增加了稳定极限。

7.3.6 网格对稳定极限的影响

因为稳定极限大致与最短的单元尺寸成比例，所以应该优先使单元的尺寸尽可能大。遗憾的是，对于精确的分析而言，采用一个细划的网格常常是必要的。为了在满足网格精度水平要求的前提下尽可能地获得最高的稳定极限，最好的方法是采用一个尽可能均匀的网格。由于稳定极限基于模型中最小的单元尺寸，所以一个单独的微小单元或者形状极差的单元都能够迅速地降低稳定极限。为了便于用户发现问题，ABAQUS/Explicit 在状态文件（.sta）中提供了网格中具有最低稳定极限的 10 个单元的清单。如果模型中包含了一些稳定极限比网格中其他单元小得多的单元，有必要重新划分模型网格，以使其更加均匀。

7.3.7 数值不稳定性

在大多数情况下，ABAQUS/Explicit 对于大多数单元保持了稳定。但是，如果定义了弹簧和减振器单元，那么它们在分析过程中有可能变得不稳定。因此，能够在分析过程中识别是否发生了数值不稳定性是非常有用的。如果确实发生了数值不稳定，典型的情况是结果变得无界，没有物理意义，而且解时常是振荡的。

7.4 实例——钢球撞击钢板过程分析

7.4.1 实例描述

视频演示

本实例将对钢球撞击钢板的过程进行模拟仿真，部件结构尺寸如图 7-1 所示。

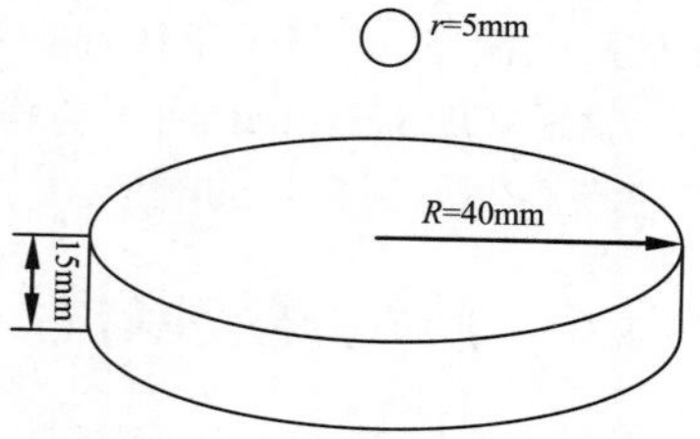

7.4.2 创建部件

1. 创建平板

（1）单击工具区中的"创建部件"按钮，打开"创建部件"对话框，在"名称"文本框中输入"Part-ban"，设置"模型空间"为"三维"、"类型"为"可变形"，在"基本特征"选项组中设置"类型"为"旋转"，如图 7-2 所示，然后单击"继续"按钮 继续...。

（2）进入草图模块后，单击工具区中的"创建线：矩形（四条线）"按钮，在提示区输入矩形第一个点的坐标（40，-15），然后再输入第二个点的坐标（0，0），双击鼠标中键。打开"编辑旋转"对话框，在"角度"文本框中输入"180"，如图 7-3 所示，单击"确定"按钮 确定，完成圆形平板的创建。

2. 创建圆球

（1）在工具区中单击"创建部件"按钮，打开"创建部件"对话框，在"名称"文本框中输入"Part-qiu"，设置"模型空间"为"三维"、"类型"为"可变形"，在"基本特征"选项组中设置"类型"为"旋转"，如图 7-4 所示，然后单击"继续"按钮 继续...。

图 7-1　部件示意图

（图中标注：r=5mm，R=40mm，5mm）

图 7-2　"创建部件"对话框 1　图 7-3　"编辑旋转"对话框　图 7-4　"创建部件"对话框 2

（2）进入草图模块后，单击工具区中的"创建圆：圆心和圆周"按钮⊙，在提示区输入圆心坐标（0,5），单击鼠标中键（或按 Enter 键），然后输入圆上一点坐标（0,10），单击鼠标中键；单击工具区中的"创建线：首尾相连"按钮⤢，在提示区输入第一个坐标（0, 0），按 Enter 键，再输入第二个坐标（0,10），按 Esc 键；单击工具区中的"自动裁剪"按钮┼┼，单击左半圆将其删除，如图 7-5 所示，双击鼠标中键。打开"编辑旋转"对话框，在"角度"文本框中输入"180"，单击"确定"按钮 确定，完成钢球的创建。

创建完成的部件如图 7-6 所示。

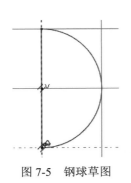

图 7-5　钢球草图

（a）钢板部件　　　　　　（b）钢球部件

图 7-6　创建完成的部件

7.4.3　定义材料属性

（1）在环境栏的"模块"下拉列表框中选择"属性"选项，进入材料属性编辑界面。单击工具区中的"创建材料"按钮🖉，打开"编辑材料"对话框，默认名称为"Material-1"。

（2）在"材料行为"选项组中依次选择"力学"→"弹性"→"弹性"选项。此时，在下方出现的数据表中依次设置"杨氏模量"为"210000"、"泊松比"为"0.3"。再在"材料行为"选项组中选择"通用"→"密度"选项，在下方出现的数据表中设置"质量密度"为"7.8e-9"，保持其余参数不变，如图 7-7 所示，单击"确定"按钮 确定。

图 7-7 "编辑材料"对话框

7.4.4 定义和指派截面属性

1. 创建截面

单击工具区中的"创建截面"按钮▮，打开"创建截面"对话框，默认名称为"Section-1"，保持其他选项不变，如图 7-8 所示，单击"继续"按钮 继续… 。打开"编辑截面"对话框，在"材料"下拉列表框中选择"Material-1"选项，如图 7-9 所示，单击"确定"按钮 确定 。

2. 指派截面属性

单击工具区中的"指派截面"按钮▮L，在视图区选择整个平板，单击提示区中的"完成"按钮 完成（或在视图区单击鼠标中键），打开"编辑截面指派"对话框，在"截面"下拉列表框中选择"Section-1"选项，如图 7-10 所示，单击"确定"按钮 确定 。球的截面属性指派方法同上。

图 7-8 "创建截面"对话框 图 7-9 "编辑截面"对话框 图 7-10 "编辑截面指派"对话框

7.4.5 定义装配

在"模块"下拉列表框中选择"装配"选项，执行菜单栏中的"实例"→"创建"命令，打开"创建实例"对话框，在"部件"选项组中选中"Part-ban"与"Part-qiu"选项，保持各项默认值，如图 7-11 所示，单击"确定"按钮 确定 。

图 7-11　"创建实例"对话框

7.4.6　设置分析步

在"模块"下拉列表框中选择"分析步"选项，进入分析步编辑界面。单击工具区中的"创建分析步"按钮 ●■，打开"创建分析步"对话框，使用默认名称"Step-1"；选择"程序类型"为"通用"，并在下方列表中选择"动力，显式"选项，如图 7-12 所示，单击"继续"按钮 继续…。打开"编辑分析步"对话框，在"基本信息"选项卡的"时间长度"文本框中输入"0.0025"，在"其他"选项卡的"二次体积粘性参数"文本框中输入"0.03"，如图 7-13 所示，单击"确定"按钮 确定。

创建完毕后，单击工具区中的"分析步管理器"按钮 ▦，打开"分析步管理器"对话框，可以查看所创建的分析步，如图 7-14 所示。

图 7-13　"编辑分析步"对话框

图 7-12　"创建分析步"对话框

图 7-14　"分析步管理器"对话框

7.4.7　划分网格

在"模块"下拉列表框中选择"网格"选项，进入网格功能界面，在窗口顶部的环境栏"对象"选项中选中"部件"单选按钮。

视频演示

1. 分割部件

在"部件"下拉列表框中选择"Part-qiu"选项，单击工具区中的"拆分几何元素：定义切割平面"按钮，单击提示区中的"一点及法线"按钮 一点及法线，此时部件上出现若干个点，对照图 7-15（a）所示的参考点，选中部件上的 A 点（A 点由黄色变为红色），再单击 BC 直线（该直线也变为红色），最后单击提示区中的"创建分区"按钮 创建分区（或在视图区单击鼠标中键），则部件被分为上下两个部分（按图示位置）。再单击上半部分，单击鼠标中键确认，单击"一点及法线"按钮 一点及法线，对照图 7-15（b）所示的参考点，选中部件上的 B 点，再单击 AD 直线，最后单击提示区中的"创建分区"按钮 创建分区（或在视图区单击鼠标中键），则上半部分部件又被分为左右两部分，且此时呈绿色，然后再以类似的方法对部件的下半部分进行分割。

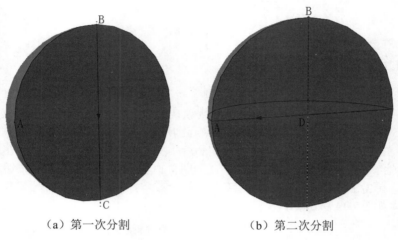

（a）第一次分割　　　　　　　　　（b）第二次分割

图 7-15　分割钢球部件

利用上述方法，参照图 7-16（a）对钢板进行分割，分割后的部件如图 7-16（b）所示。

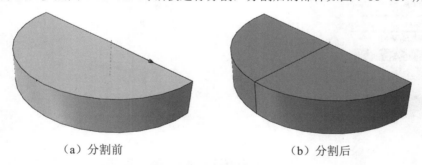

（a）分割前　　　　　　　　　（b）分割后

图 7-16　分割钢板部件

2. 设置全局种子

对钢球设置全局种子。单击工具区中的"种子部件"按钮，打开"全局种子"对话框，设置"近似全局尺寸"为"0.5"，如图 7-17 所示，单击"确定"按钮 确定，此时提示区出现"布种定义完毕"，单击后面的"完成"按钮 完成，完成种子定义。以同样的方法为钢板设置全局种子，设置"近似全局尺寸"为"2"。

3. 定义网格属性

为钢球定义网格属性。单击工具区中的"指派网格控制属性"按钮，在视图区将钢球部件全选，并单击鼠标中键，打开"网格控制属性"对话框，设置"单元形状"为"六面体"、"技术"为"结构"，如图 7-18 所示，单击"确定"按钮 确定 。以同样方法为钢板定义网格属性。

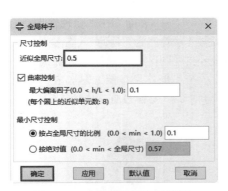

图 7-17 "全局种子"对话框

图 7-18 "网格控制属性"对话框

4. 设定单元类型

单击工具区中的"指派单元类型"按钮 ，在视图区将钢球部件全选，并单击鼠标中键，打开"单元类型"对话框，设置"几何阶次"为"线性"，其他选项保持默认值，此时的单元类型为 C3D8R，如图 7-19 所示，单击"确定"按钮 确定 。以同样的方法为钢板设定单元类型。

5. 划分网格

单击工具区中的"为部件划分网格"按钮 ，在视图区单击鼠标中键，网格划分完成，生成网格后的部件如图 7-20 所示。单击工具区中的"检查网格"按钮 ，可以检查网格质量。

（a）划分网格后的钢球部件

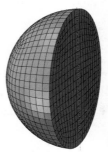

（b）划分网格后的钢板部件

图 7-19 "单元类型"对话框

图 7-20 对部件划分网格

7.4.8 定义接触

1. 定义接触面

（1）进入"相互作用"模块，在菜单栏中执行"工具"→"表面"→"管理器"命令，单击"创建"按钮 创建... ，在"名称"文本框中输入"Surf-qiu"，设置"类型"为"几何"，单击"继续"按钮 继续... 。单击钢球与钢板相接触的面，如图7-21（a）所示，然后在视图区单击鼠标中键确认。

（2）用类似的方法来定义钢板与钢球的接触面。单击"创建"按钮 创建... ，在"名称"文本框中输入"Surf-ban"，单击"继续"按钮 继续... 。单击钢板与钢球相接触的面，如图7-21（b）所示，然后在视图区单击鼠标中键确认。

（a）Surf-qiu   （b）Surf-ban

图7-21   定义部件接触面

2. 定义无摩擦的接触属性

单击工具区中的"创建相互作用属性"按钮 ，各项参数都保持默认值，单击"继续"按钮 继续... ，打开"编辑接触属性"对话框，选择"力学"→"切向行为"选项，在"摩擦公式"下拉列表框中选择"无摩擦"选项，如图7-22所示，单击"确定"按钮 确定 。

3. 定义接触

（1）单击工具区中的"创建相互作用"按钮 ，在打开对话框的"分析步"下拉列表框中选择"Step-1"选项，设置"可用于所选分析步的类型"为"表面与表面接触（Explicit）"，如图7-23所示，然后单击"继续"按钮。此时要求"选择第一个表面"，单击提示区右侧的"表面"按钮 表面 ，在打开的"区域选择"对话框中选择"Surf-qiu"选项，如图7-24所示，再单击"继续"按钮 继续... 。

图7-22   "编辑接触属性"对话框   图7-23   "创建相互作用"对话框

（2）此时要求"选择第二表面类型"，单击提示区右侧的"表面"按钮 表面，在打开的"区域选择"对话框中选择"Surf-ban"选项，单击"继续"按钮 继续。

（3）在打开的"编辑相互作用"对话框中，不改变默认的参数"滑移公式：有限滑移"，如图 7-25 所示，单击"确定"按钮 确定。

图 7-24　"区域选择"对话框　　　　图 7-25　"编辑相互作用"对话框

（4）单击工具区中的"相互作用管理器"按钮，在打开的"相互作用管理器"对话框中选中已定义的接触 Int-1 后面的"已创建"选项，再单击"编辑"按钮 编辑，可以查看接触面的位置是否正确。

7.4.9　定义边界条件和载荷

在"模块"下拉列表框中选择"载荷"选项，进入载荷编辑界面。

1. 定义集合

执行菜单栏中的"工具"→"集"→"管理器"命令，打开"设置管理器"对话框，依次创建下列集合。

（1）Set-Fix 集合：钢板上施加固支边界条件的端面。

单击"创建"按钮 创建，打开"创建集"对话框，在"名称"文本框中输入"Set-Fix"，单击"继续"按钮 继续，选中如图 7-26（a）所示的面，在视图区单击鼠标中键确认，Set-Fix 集合建立完毕。

（2）Set-Symm 集合：钢球和钢板上施加对称约束的端面。

单击"创建"按钮 创建，在打开对话框的"名称"文本框中输入"Set-Symm"，单击"继续"按钮 继续，选中如图 7-26（b）所示的面，在视图区单击鼠标中键确认。

（3）Set-qiu 集合：整个钢球部件。

单击"创建"按钮 创建，在打开对话框的"名称"文本框中输入"Set-qiu"，单击"继续"按钮，选中整个钢球，在视图区单击鼠标中键确认。

定义完毕后，以上 3 个集合出现在"设置管理器"对话框中，如图 7-27 所示。

（a）Set-Fix 集合　　　　　　　　　　（b）Set-Symm 集合

图 7-26　定义约束集合

2. 定义边界条件

（1）单击工具区中的"创建边界条件"按钮，打开"创建边界条件"对话框，在"名称"文本框中输入"BC-Fix"，设置"分析步"为"Initial"（初始步），单击"继续"按钮。打开"区域选择"对话框，选择"Set-Fix"选项，如图 7-28 所示，单击"继续"按钮，在打开的"编辑边界条件"对话框中选中"完全固定（U1=U2=U3=UR1=UR2=UR3=0）"单选按钮，如图 7-29 所示。

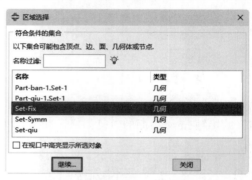

图 7-27　"设置管理器"对话框　　　　　　图 7-28　"区域选择"对话框

（2）用同样的方法创建边界条件"BC-Symm"，设置"分析步"为"Initial"（初始步），单击"继续"按钮。在打开的"区域选择"对话框中选择"Set-Symm"选项，单击"继续"按钮，打开"编辑边界条件"对话框，选中"ZSYMM（U3=UR1=UR2=0）"单选按钮，如图 7-30 所示。

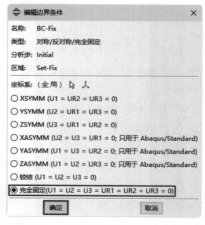
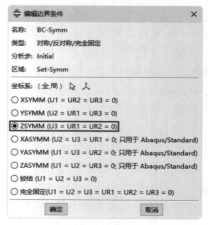

图 7-29　"编辑边界条件"对话框 1　　　　图 7-30　"编辑边界条件"对话框 2

（3）单击工具栏中的"边界条件管理器"按钮 ，可以看到上述创建的边界条件已列于表中，如图 7-31 所示。

3.定义预定义场

单击工具区中的"创建预定义场"按钮 ，在打开的"创建预定义场"对话框"名称"文本框中输入"Predefined Field-1"，设置"分析步"为"Initial"（初始步）、"可用于所选分析步的类型"为"速度"，如图 7-32 所示，单击"继续"按钮 继续 。在打开的"区域选择"对话框中选中"Set-qiu"选项，如图 7-33 所示，单击"继续"按钮 继续 。打开"编辑预定义场"对话框，在"V1"文本框中输入"600"，在"V2"文本框中输入"-2500"，如图 7-34 所示，单击"确定"按钮 确定 。

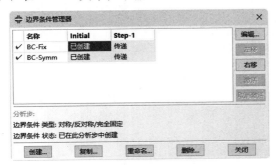

图 7-31　"边界条件管理器"对话框

图 7-32　"创建预定义场"对话框

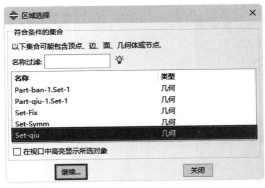

图 7-33　"区域选择"对话框

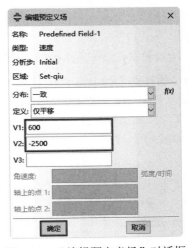

图 7-34　"编辑预定义场"对话框

7.4.10　提交分析作业

（1）在"模块"下拉列表框中选择"作业"选项，单击工具区中的"作业管理器"按钮 ，打开"作业管理器"对话框，单击"创建"按钮 创建... ，打开"创建作业"对话框，设置"名称"为"Job-qiu-ban"，如图 7-35 所示，单击"继续"按钮 继续 。打开"编辑作业"对话框，保持各项默认值不变，单击"确定"按钮 确定 。

（2）此时新创建的作业显示在"作业管理器"对话框中，如图 7-36 所示。单击工具栏中的"保存模型数据库"按钮 ，保存所创建的模型，然后单击"提交"按钮 提交 ，提交分析作业。

视 频 演 示

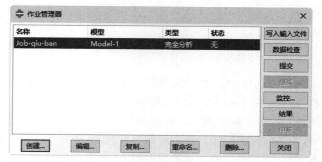

図 7-35 "创建作业"对话框 図 7-36 "作业管理器"对话框

（3）单击"监控"按钮 监控... ，打开"Job-qiu-ban 监控器"对话框并进行分析，分析完成后单击"关闭"按钮 关闭 ，关闭对话框，然后单击"结果"按钮 结果 ，进入"可视化"模块。

7.4.11 后处理

1. 显示图形

显示 Mises 应力的云纹图和动画。在"可视化"模块中，单击"在变形图上绘制云图"按钮，以查看 Mises 应力的云纹图，如图 7-37 所示，单击"动画：时间历程"按钮，显示动画，查看分析结果是否异常。

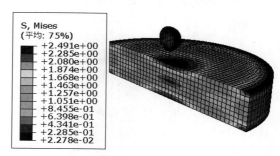

図 7-37 Mises 应力云纹图

2. 绘制和保存沿一定路径的位移信息

（1）执行菜单栏中的"工具"→"路径"→"管理器"命令，打开"路径管理器"对话框，单击"创建"按钮 创建... ，打开"创建路径"对话框，设置"类型"为"结点列表"，如图 7-38 所示，单击"继续"按钮 继续... 。打开"编辑结点列表路径"对话框，在"部件实例"下拉列表框中选择"PART-BAN-1"选项，如图 7-39 所示。

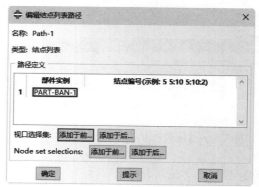

図 7-38 "创建路径"对话框 図 7-39 "编辑结点列表路径"对话框

（2）单击"视口选择集"后边的"添加于前"按钮 添加于前... ，在视图区的球体上选择想要观测的节点，如图 7-40 所示，选好后单击鼠标中键确认，重新打开"编辑结点列表路径"对话框，刚刚所选节点已出现在列表中，如图 7-41 所示，单击"确定"按钮 确定 。

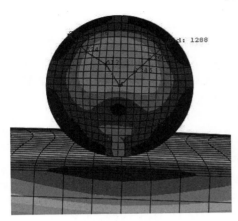

图 7-40　在球体上选择观测点

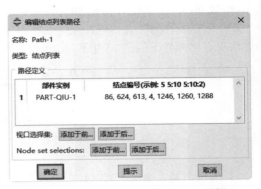

图 7-41　"编辑结点列表路径"对话框

下面从分析步中选择 3 个不同的时刻，绘制并保存在这些时刻路径上各点的应力情况。

（1）单击工具区中的"创建 XY 数据"按钮，打开"创建 XY 数据"对话框，选中"路径"单选按钮，如图 7-42 所示，单击"继续"按钮。打开"来自路径的 XY 数据"对话框，设置"新%s名称"为"已变形"、"点的位置"为"包括相交点"，在"X Values"栏中选择"真实距离"选项，在"Y Values"中单击"场输出"按钮。打开"场输出"对话框，选择"S 应力分量 在积分点处"选项，如图 7-43 所示，单击"确定"按钮。

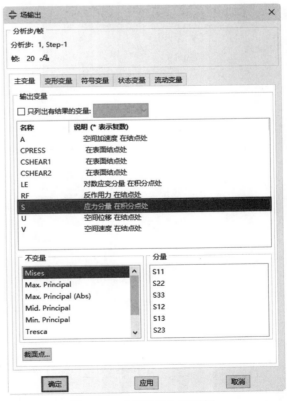

图 7-42　"创建 XY 数据"对话框

图 7-43　"场输出"对话框

（2）单击"Y 值"栏中的"分析步/帧"按钮 分析步/帧...，打开"分析步/帧"对话框，选择"帧"下的第 10 组数据，单击"确定"按钮 确定，在"来自路径的 XY 数据"对话框中单击"另存为"按钮 另存为...，打开"XY 数据另存为"对话框，在"名称"文本框中输入"XYData-S_10"，如图 7-44 所示。用同样的方法保存"帧"下的第 15 组和第 20 组数据。在数据保存完毕后单击"取消"按钮 取消。

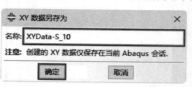

图 7-44　"XY 数据另存为"对话框

（3）单击工具区中的"XY 数据选项"按钮，打开"XY 数据管理器"对话框，在"名称"栏选择"XYData-S_10"，单击对话框左侧的"绘制"按钮 绘制，在视图区显示路径上各点的一组位移信息，如图 7-45（a）所示；将"名称"栏下 3 组数据全选，单击"绘制"按钮 绘制，则可以将 3 组不同时刻的位移信息绘制在一张图上，如图 7-45（b）所示。

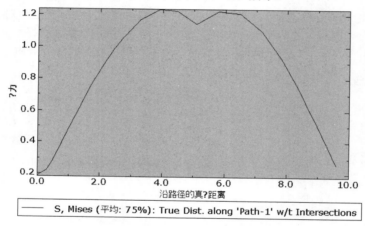

（a）一组数据的位移曲线

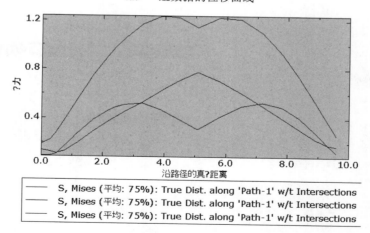

（b）3 组数据的位移曲线

图 7-45　路径上数据点的位移曲线图

7.5　本 章 小 结

　　ABAQUS/Explicit 应用中心差分方法对时间进行动力学显式积分。显式方法需要许多小的时间增量，因为不必同时求解联立方程，所以每个增量计算成本很低。随着模型尺寸的增加，显式方法与隐式方法相比能够节省大量的计算成本。

　　稳定极限是能够用来前推动力学状态并仍保持精度的最大时间增量。在整个分析过程中，ABAQUS/Explicit 自动地控制时间增量值以保持稳定性。随着材料刚度的增加，稳定极限降低；随着材料密度的增加，稳定极限提高。对于单一材料的网格，稳定极限大致与最小单元的尺寸成比例。

　　一般地，ABAQUS/Explicit 应用质量比例阻尼来减弱低阶频率振荡，并应用刚度比例阻尼来减弱高阶频率振荡。在一些情况下，ABAQUS/Explicit 分析可能会不稳定。本章介绍了识别和矫正不稳定问题的方法。

第 **8** 章

热应力分析

　　本章主要介绍在进行顺序耦合热应力分析时，如何使用 ABAQUS/Standard 根据已知的温度场来求解模型的应力应变场。

　　在很多工程实际问题中，热应力的影响是不能忽视的，如焊接、铸造等各种冷热加工过程，高温环境中的热辐射，内燃机，管路系统等。ABAQUS 可以用于求解非耦合传热分析、顺序耦合热应力分析、完全耦合热应力分析、绝热分析、热电耦合分析、空腔辐射等类型的传热问题。

☑　　了解热应力分析的基本问题。

☑　　通过实例掌握应用 ABAQUS 进行热应力分析的基本方法。

任务驱动&项目案例

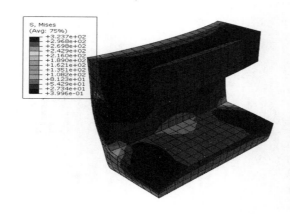

8.1 热应力分析中的主要问题

ABAQUS/Standard 及 ABAQUS/Explicit 均可以进行热分析，但应注意应用的场合。

☑ 非耦合传热分析：在此类分析中，应力应变场或电场不会影响模型的温度场。在 ABAQUS/ Standard 中可以分析热强制对流、传导、边界辐射等传热问题，其分析类型可以是线性或非线性、瞬态或稳态。

☑ 顺序耦合热应力分析：在此类分析中，应力应变场受温度场影响，但是温度场不受应力应变场的影响。使用 ABAQUS/Standard 求解时应先分析传热问题，将得到的温度场作为已知条件，并进行热应力分析，从而得到应力应变场。分析热应力分析的网格和传热问题时所使用的网格可以是不一样的，ABAQUS 会自动进行插值处理。

☑ 完全耦合热应力分析：在此类分析中，温度场和应力应变场之间相互作用，需要同时求解。可使用 ABAQUS/Standard 或 ABAQUS/Explicit 求解。

☑ 绝热分析：在此类分析中，力学变形产生热，且整个过程的时间极为短暂，不发生热扩散。可使用 ABAQUS/Standard 或 ABAQUS/Explicit 求解。

☑ 热电耦合分析：可使用 ABAQUS/Standard 求解电流产生的温度场。

☑ 空腔辐射：使用 ABAQUS/Standard 求解时，除了边界辐射，还可以模拟空腔辐射。

8.2 实例——铁轨的热应力分析

通过下面一个简单实例，读者可以学习如何在 ABAQUS 中进行热应力分析，掌握 ABAQUS/CAE 的以下功能。

☑ 在"属性"模块中，定义膨胀系数。

☑ 在"载荷"模块中，使用预定义场来定义温度场。

8.2.1 实例描述

铁轨切面模型如图 8-1 所示，在夏天，铁轨很容易受环境温度的影响而发生变形。一般当铁轨温度超过 45℃时，铁轨就可能发生形变，下面将对这一实例进行分析。假设铁轨的初始温度为 15℃，当温度升至 45℃时，分析铁轨的受力状态，铁轨的膨胀系数为 1.18×10^{-5}。

图 8-1 铁轨模型示意图

视频演示

8.2.2 创建部件

（1）启动 ABAQUS/CAE，进入"部件"模块，单击工具区中的"创建部件"按钮，打开"创建部件"对话框，在"名称"文本框中输入"Part-tiegui"，设置"模型空间"为"三维"，再依次选择"可变形""实体""拉伸"选项，如图 8-2 所示，然后单击"继续"按钮 继续... 。

（2）单击工具区中的"创建线：首尾相连"按钮 ，根据图 8-3 所示的部件尺寸，绘制顶点坐标分别为（0,120）、（35,120）、（38,88）、（12,88）、（12,28）、（60,24）、（60,0）、（0,0）及（0,120）的封闭多边形。

图 8-2　"创建部件"对话框

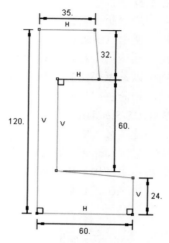

图 8-3　部件尺寸图

（3）在视图区单击鼠标中键，打开"编辑基本拉伸"对话框，设置"深度"为"130"，如图 8-4 所示，单击"确定"按钮 确定 ，完成部件的创建。

图 8-4　"编辑基本拉伸"对话框

8.2.3　定义材料属性

（1）在环境栏中的"模块"下拉列表框中选择"属性"选项，进入材料属性编辑界面。单击工具区中的"创建材料"按钮 ，打开"编辑材料"对话框，默认名称为"Material-1"，在"材料行为"选项组中依次选择"力学"→"弹性"→"弹性"选项。此时，在下方出现的数据表中依次设置"杨氏模量"为"210000"、"泊松比"为"0.3"，保持其余参数不变，如图 8-5（a）所示。

（2）再为材料定义膨胀系数，在"材料行为"选项组中依次选择"力学"→"膨胀"选项。在数据表的"Expansion Coeff"（膨胀系数）下输入"1.18e-5"，如图 8-5（b）所示，最后单击"确定"按钮 确定 。

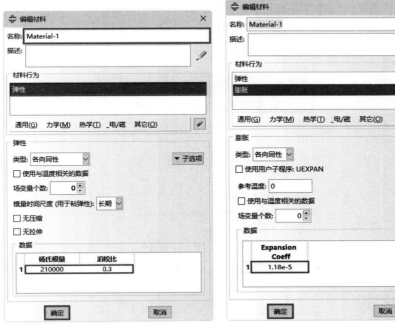

（a）定义杨氏模量及泊松比　　　　　　（b）定义膨胀系数

图 8-5　"编辑材料"对话框

8.2.4　定义和指派截面属性

（1）单击工具区中的"创建截面"按钮 ，打开"创建截面"对话框，默认名称为"Section-1"，其他选项保持不变，如图 8-6 所示，单击"继续"按钮 继续... 。打开"编辑截面"对话框，在"材料"下拉列表框中选择"Material-1"选项，如图 8-7 所示，单击"确定"按钮 确定 。

（2）单击工具区中的"指派截面"按钮 ，在视图区选择整个模型，单击提示区中的"完成"按钮 完成 （或在视图区单击鼠标中键），打开"编辑截面指派"对话框，在"截面"下拉列表框中选择"Section-1"选项，如图 8-8 所示，单击"确定"按钮 确定 。

图 8-6　"创建截面"对话框

图 8-7　"编辑截面"对话框

图 8-8　"编辑截面指派"对话框

8.2.5 定义装配

在"模块"下拉列表框中选择"装配"选项，执行菜单栏中的"实例"→"创建"命令，打开"创建实例"对话框，保持各项默认值，如图 8-9 所示，单击"确定"按钮。

图 8-9 "创建实例"对话框

8.2.6 设置分析步

（1）在"模块"下拉列表框中选择"分析步"选项，进入分析步编辑界面。单击工具区中的"创建分析步"按钮，打开"创建分析步"对话框，分析步名称默认为"Step-1"，保持各项默认值，如图 8-10 所示。

（2）单击"继续"按钮，打开"编辑分析步"对话框，保持各项默认值，如图 8-11 所示，单击"确定"按钮。

图 8-10 "创建分析步"对话框

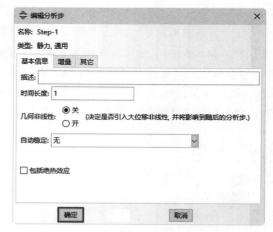

图 8-11 "编辑分析步"对话框

8.2.7 定义集合、边界条件

（1）在"模块"下拉列表框中选择"载荷"选项，进入载荷编辑界面。执行菜单栏中的"工具"→

"集"→"管理器"命令，打开"设置管理器"对话框，单击"创建"按钮 ，依次创建下列集合。

☑ Set-Fix 集合：铁轨上施加固支边界条件的端面，如图 8-12（a）所示。

☑ Set-Symm 集合：铁轨上施加对称约束的端面，如图 8-12（b）所示。

（a）Set-Fix 集合 （b）Set-Symm 集合

图 8-12 定义约束集合

定义完毕后，创建的集合出现在"设置管理器"对话框中，如图 8-13 所示。

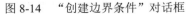

图 8-13 "设置管理器"对话框

（2）单击工具区中的"创建边界条件"按钮 ，打开"创建边界条件"对话框，在"名称"文本框中输入"BC-Fix"，设置"分析步"为"Initial"（初始步），如图 8-14 所示，单击"继续"按钮 。在提示区单击"集"按钮 ，打开"区域选择"对话框，选择"Set-Fix"选项，如图 8-15 所示，单击"继续"按钮 。在打开的"编辑边界条件"对话框中选中"完全固定（U1=U2=U3=UR1=UR2=UR3=0）"单选按钮，如图 8-16 所示。

图 8-14 "创建边界条件"对话框 图 8-15 "区域选择"对话框

（3）用同样的方法创建边界条件 BC-Symm，设置"分析步"为"Initial"（初始步），在"区域选择"对话框中选择"Set-Symm"选项，在"编辑边界条件"对话框中选中"ZSYMM（U3=UR1=UR2=0）"单选按钮。单击工具栏中的"边界条件管理器"按钮 ，可以看到刚才创建的边界条件已列于表中，如图 8-17 所示。

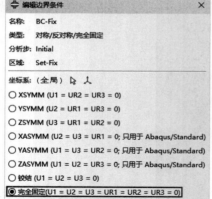

图 8-16 "编辑边界条件"对话框

图 8-17 "边界条件管理器"对话框

8.2.8 定义温度场

（1）在"载荷"模块下，使用预定义场来定义初始温度场（15℃）。进入"载荷"模块，单击工具区中的"预定义场管理器"按钮，在打开对话框中单击"创建"按钮 创建... ，打开"创建预定义场"对话框，设置"分析步"为"Initial"（初始步）、"类别"为"其他"、"可用于所选分析步的类型"为"温度"，如图 8-18 所示，单击"继续"按钮 继续... 。选中整个铁轨，在视图区单击鼠标中键，打开"编辑预定义场"对话框，不改变默认参数"分布：直接说明"，在"大小"文本框中输入初始温度值"15"，如图 8-19 所示，然后单击"确定"按钮 确定 。

图 8-18 "创建预定义场"对话框

图 8-19 "编辑预定义场"对话框

> **提示：** 如果希望读入传热分析结果文件中的温度场，则应在"编辑预定义场"对话框中将参数"分布"改为"来自结果或输出数据库文件"，然后在"文件名"文本框中输入传热分析结果文件名称，在"分析步"文本框中输入分析步编号，在"增量步"文本框中输入时间增量步编号。

（2）使用预定义场来使模型的温度升高至 45℃，在"预定义场管理器"对话框中选择分析步"Step-1"下面的"传递"选项，然后单击"编辑"按钮。在打开的"编辑预定义场"对话框中，"状态"默认值为"传递"，在此设置"状态"为"已修改"、"大小"为"45"，如图 8-20 所示，再单击

"确定"按钮 确定 。

图 8-20 修改后的"编辑预定义场"对话框

8.2.9 划分网格

在"模块"下拉列表框中选择"网格"选项，进入网格功能界面，在窗口顶部的环境栏"对象"选项中选中"部件"单选按钮，在"部件"下拉列表框中选择"Part-tiegui"选项。此时部件为黄色，可直接通过扫掠方式生成网格。

1. 设置全局种子

单击工具区中的"种子部件"按钮，打开"全局种子"对话框，设置"近似全局尺寸"为"8"，如图 8-21 所示，单击"确定"按钮 确定 。此时提示区出现"布种定义完毕"，单击后面的"完成"按钮 完成，完成种子定义。

2. 定义网格属性

单击工具区中的"指派网格控制属性"按钮，打开"网格控制属性"对话框，设置"单元形状"为"六面体"、"技术"为"扫掠"、"算法"为"进阶算法"，如图 8-22 所示，单击"确定"按钮 确定 。

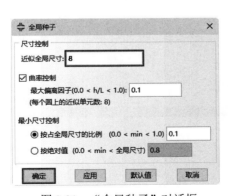

图 8-21 "全局种子"对话框

图 8-22 "网格控制属性"对话框

3. 设定单元类型

单击工具区中的"指派单元类型"按钮，在视图区选中整个铁轨，单击鼠标中键，打开"单元类型"对话框，设置"几何阶次"为"二次"，其他选项保持默认值，此时的单元类型为 C3D20R，如图 8-23 所示，单击"确定"按钮 _{确定} 。

4．划分网格

单击工具区中的"为部件划分网格"按钮 ，此时提示区出现"要为部件划分网格吗?"，单击"是"按钮 ，对部件进行网格划分，如图 8-24 所示。

图 8-23　"单元类型"对话框　　　　　　图 8-24　对部件划分网格

8.2.10　提交分析作业

（1）在"模块"下拉列表框中选择"作业"选项，单击工具区中的"作业管理器"按钮 ，打开"作业管理器"对话框，单击"创建"按钮 _{创建} ，打开"创建作业"对话框，设置"名称"为"Job-tiegui"，如图 8-25 所示，单击"继续"按钮 _{继续...} 。打开"编辑作业"对话框，保持各项默认值不变，单击"确定"按钮 _{确定} 。

（2）此时新创建的作业显示在"作业管理器"对话框中，如图 8-26 所示。单击工具栏中的"保存模型数据库"按钮 ，保存所创建的模型，然后单击"提交"按钮 _{提交} ，提交分析作业。

图 8-25　"创建作业"对话框　　　　　图 8-26　"作业管理器"对话框

（3）单击"监控"按钮 _{监控...} ，打开"Job-tiegui 监控器"对话框，可以通过该对话框查看分析过程中的警告信息，如图 8-27 所示。分析完成后，单击"作业管理器"对话框中的"结果"按钮 **结果**，进入"可视化"模块。

图 8-27 "Job-tiegui 监控器"对话框

8.2.11 后处理

单击工具区中的"在变形图上绘制云图"按钮，显示 Mises 应力的云纹图，如图 8-28 所示。

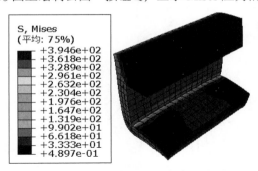

图 8-28 45℃时的 Mises 应力云纹图

由本节实例可以看出，在 ABAQUS 中进行热应力分析的方法非常简单，定义膨胀系数、初始温度场和分析步中的温度场即可。

8.3 实例——Y 形支架的热应力分析

通过下面实例，读者可以进一步练习热应力分析的方法，掌握 ABAQUS/CAE 的以下功能。
（1）使用热应力来模拟残余应力。
（2）在"载荷"模块中，为模型的各个区域定义不同的温度场。

8.3.1 实例描述

使用 ABAQUS 可以模拟感应淬火的完整过程，即通过分析工件和感应器之间以及工件和冷却液

视频演示

之间的传热过程来确定工件的温度场，从而得到相应的塑性应变场和冷却后的残余应力场。这一模拟过程比较复杂，下面介绍一种模拟残余应力场的简化方法。

本节以 Y 形支架为例，模拟其表面感应淬火所产生的残余应力场，并分析此残余应力在缓和应力集中方面所起的作用。设置整个模型的初始温度为 15℃，在分析步中令淬硬层区域的温度升高至 90℃，其余区域的温度仍保持 15℃。这种温度差异会使高温区域产生压应力，相当于所要模拟的残余压应力。

8.3.2　创建部件

（1）启动 ABAQUS/CAE，进入"部件"模块，单击工具区中的"创建部件"按钮，打开"创建部件"对话框，在"名称"文本框中输入"Part-zhijia"，设置"模型空间"为"三维"，再依次选择"可变形""实体""拉伸"选项，如图 8-29 所示，然后单击"继续"按钮 继续...。

（2）单击工具区中的"创建线：首尾相连"按钮，绘制顶点坐标分别为（0,10）、（10,10）、（10,20）、（15,20）、（15,0）、（7.5,0）、（7.5,−25）、（0,−25）以及（0,10）的封闭多边形。下面对部件进行倒圆角，单击工具区中的"创建倒角：两条曲线"按钮，在提示区的"圆角半径"中输入"3.75"，在视图区中单击鼠标中键，此时只要单击任意直角的两条边，该直角就会自动生成半径为 3.75 的圆角，对照图 8-30 所示的部件尺寸图，对部件进行倒圆角。在视图区双击鼠标中键，打开"编辑基本拉伸"对话框，设置"深度"为"10"，如图 8-31 所示，单击"确定"按钮 确定，完成部件的创建。

图 8-29　"创建部件"对话框

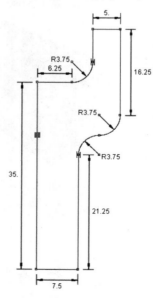

图 8-30　部件尺寸图

图 8-31　"编辑基本拉伸"对话框

8.3.3　定义材料属性

（1）在环境栏的"模块"下拉列表框中选择"属性"选项，进入材料属性编辑界面。单击工具区中的"创建材料"按钮，打开"编辑材料"对话框，默认名称为"Material-1"，在"材料行为"选项组中依次选择"力学"→"弹性"→"弹性"选项。此时，在下方出现的数据表中依次设置"杨氏模量"为"210000"、"泊松比"为"0.3"，保持其余参数不变，如图 8-32（a）所示。

（2）为材料定义膨胀系数。在"材料行为"选项组中依次选择"力学"→"膨胀"选项。在数据表的"Expansion Coeff"（膨胀系数）下输入"1.18e-5"，如图 8-32（b）所示，最后单击"确定"按钮。

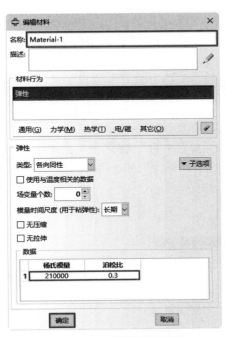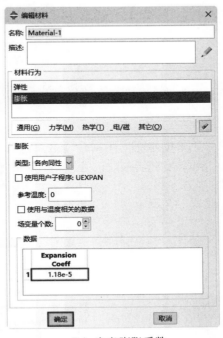

（a）定义杨氏模量及泊松比　　　　（b）定义膨胀系数

图 8-32　"编辑材料"对话框

8.3.4　定义和指派截面属性

（1）单击工具区中的"创建截面"按钮，打开"创建截面"对话框，默认名称为"Section-1"，其他选项保持不变，如图 8-33 所示。单击"继续"按钮，打开"编辑截面"对话框，保持各项默认值不变，如图 8-34 所示，单击"确定"按钮。

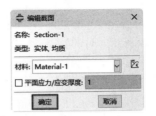

图 8-33　"创建截面"对话框　　　图 8-34　"编辑截面"对话框

（2）单击工具区中的"指派截面"按钮，在视图区选择整个模型，单击提示区中的"完成"按钮（或在视图区单击鼠标中键），打开"编辑截面指派"对话框，在"截面"下拉列表框中选择"Section-1"选项，如图 8-35 所示，单击"确定"按钮。

图 8-35 "编辑截面指派"对话框

8.3.5 定义装配

在"模块"下拉列表框中选择"装配"选项,执行菜单栏中的"实例"→"创建"命令,打开"创建实例"对话框,保持各项默认值,如图 8-36 所示,单击"确定"按钮 确定 。

图 8-36 "创建实例"对话框

8.3.6 设置分析步

在"模块"下拉列表框中选择"分析步"选项,进入分析步编辑界面。单击工具区中的"创建分析步"按钮 ,打开"创建分析步"对话框,分别创建以下分析步。

(1)分析步 1(Step-15-30):整个部件保持常温 15℃,对部件施加 30 MPa 外载荷,此时不存在残余应力,模拟部件常温下只受外载作用时的状态。

(2)分析步 2(Step-90-30):使部件淬硬层区域的温度升至 90℃,而其余部位保持常温 15℃,同时对部件施加 30 MPa 外载荷,模拟部件在残余应力与外载同时作用下的状态。

(3)分析步 3(Step-90):保持部件淬硬层区域的温度为 90℃,其余部位温度为 15℃,去掉外载荷,模拟部件存在残余应力时的状态。

在创建上述分析步过程中,保持各项参数默认值不变,创建完毕后,单击工具区中的"分析步管理器"按钮 ,打开"分析步管理器"对话框,可以查看所创建的分析步,如图 8-37 所示。

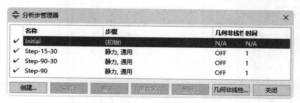

图 8-37 "分析步管理器"对话框

8.3.7 划分网格

在"模块"下拉列表框中选择"网格"选项，进入网格功能界面，在窗口顶部的环境栏"对象"选项中选中"部件"单选按钮，选择"部件"为"Part-zhijia"。

1．划分淬硬层

在对部件进行网格划分前，首先要将淬硬层从部件中分割出来，具体方法如下。

单击工具区中的"拆分几何元素：定义切割平面"按钮 ，在提示区单击"一点及法线"按钮 一点及法线 ，然后单击如图 8-38（a）所示的 A 点，再单击图 8-38（b）中的 AB 边，最后单击提示区中的"创建分区"按钮 创建分区 （或在视图区单击鼠标中键），完成淬硬层的划分，划分后的部件如图 8-38（c）所示。

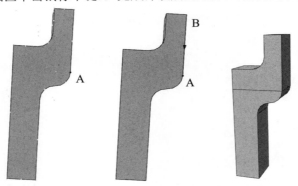

（a）选择点　（b）选择分割方向　（c）划分后的部件

图 8-38　划分淬硬层

2．设置全局种子

单击工具区中的"种子部件"按钮 ，打开"全局种子"对话框，设置"近似全局尺寸"为"1"，如图 8-39 所示，单击"确定"按钮 确定 ，此时提示区出现"布种定义完毕"，单击后面的"完成"按钮 完成 ，完成种子定义。

3．定义网格属性

单击工具区中的"指派网格控制属性"按钮 ，在视图区将部件全选，并单击鼠标中键，打开"网格控制属性"对话框，设置"单元形状"为"六面体"、"技术"为"扫掠"，如图 8-40 所示，单击"确定"按钮 确定 。

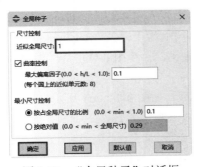

图 8-39　"全局种子"对话框

图 8-40　"网格控制属性"对话框

4．设定单元类型

单击工具区中的"指派单元类型"按钮，在视图区将部件全选，并单击鼠标中键，打开"单元类型"对话框，设置"几何阶次"为"二次"，其他选项保持默认值，此时的单元类型为 C3D20R，如图 8-41 所示，单击"确定"按钮 确定。

5．划分网格

单击工具区中的"为部件划分网格"按钮，在视图区单击鼠标中键，完成网格的划分，如图 8-42 所示。

图 8-41　"单元类型"对话框

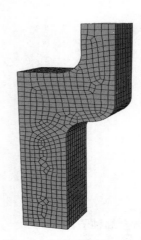

图 8-42　对部件划分网格

8.3.8　定义集合和载荷施加面

在"模块"下拉列表框中选择"载荷"选项，进入载荷编辑界面。执行菜单栏中的"工具"→"集"→"管理器"命令，打开"设置管理器"对话框，单击"创建"按钮 创建...，依次创建下列集合。

（1）Set-Fix 集合：支架上施加固支边界条件的端面，如图 8-43（a）所示。

单击"创建"按钮 创建...，打开"创建集"对话框，在"名称"文本框中输入"Set-Fix"，单击"继续"按钮 继续...，选中图 8-43（a）所示的端面，在视图区单击鼠标中键确认，Set-Fix 集合建立完毕。

（2）Set-Symm 集合：支架上施加对称约束的各端面，如图 8-43（b）所示。

单击"创建"按钮 创建...，在打开对话框的"名称"文本框中输入"Set-Symm"，单击"继续"按钮 继续...，按住 Shift 键分别选中图 8-43（b）所示的各端面，在视图区单击鼠标中键确认，Set-Symm 集合建立完毕。

（3）Set-HT 集合：支架上的淬硬层对应的三维区域，如图 8-43（c）所示。

单击"创建"按钮 创建...，在打开对话框的"名称"文本框中输入"Set-HT"，此时应选择淬硬层所在的三维区域，但实际操作时无法选中三维单元。为解决这一问题，首先找到"选择"工具条 全部，在"全部"下拉列表框中选择"几何元素"选项，接下来就可以选择三维单元了。选中图 8-43（c）

所示的三维单元，在视图区单击鼠标中键确认，Set-HT 集合建立完毕。

（4）Set-LT 集合：支架上淬硬层以外的三维区域，如图 8-43（d）所示。

（a）Set-Fix 集合　　　　（b）Set-Symm 集合　　　　（c）Set-HT 集合　　　　（d）Set-LT 集合

图 8-43　定义约束集合

参照图 8-43（c），以与创建 Set-HT 集合相同的方法创建 Set-LT 集合。

定义完毕后，创建的集合出现在"设置管理器"对话框中，如图 8-44 所示。

定义载荷面。执行菜单栏中的"工具"→"表面"→"创建"命令，打开"创建表面"对话框，在"名称"文本框中输入"Surf-Load"，单击"继续"按钮 继续... 。选中图 8-45 所示的端面，在视图区单击鼠标中键确认，Surf-Load 集合建立完毕。

图 8-44　"设置管理器"对话框

图 8-45　Surf-Load 集合

8.3.9　边界条件和载荷

1. 定义边界条件

（1）单击工具区中的"创建边界条件"按钮 ，打开"创建边界条件"对话框，在"名称"文本框中输入"BC-Fix"，设置"分析步"为"Initial"（初始步），如图 8-46 所示，单击"继续"按钮 继续... 。在提示区单击"集"按钮 集... ，打开"区域选择"对话框，选择"Set-Fix"选项，如图 8-47 所示，单击"继续"按钮 继续... ，在打开的"编辑边界条件"对话框中选中"完全固定（U1=U2=U3=UR1=UR2=UR3=0）"单选按钮，如图 8-48 所示。

视 频 演 示

Note

图 8-46 "创建边界条件"对话框

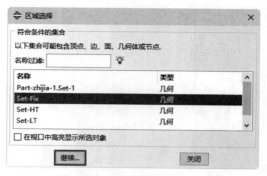

图 8-47 "区域选择"对话框

（2）用同样的方法创建边界条件"BC-Symm"，设置"分析步"为"Initial"（初始步），在"区域选择"对话框中选择"Set-Symm"选项，在"编辑边界条件"对话框中选中"ZSYMM（U3=UR1= UR2=0）"单选按钮。单击工具栏中的"边界条件管理器"按钮 ，可以看到刚才创建的边界条件已列于表中，如图 8-49 所示。

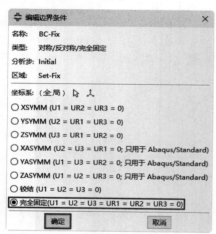

图 8-48 "编辑边界条件"对话框

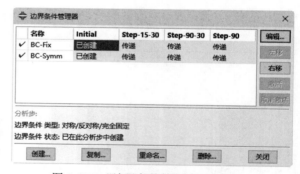

图 8-49 "边界条件管理器"对话框

2. 定义载荷

（1）单击工具区中的"创建载荷"按钮 ，打开"创建载荷"对话框，在"名称"文本框中输入"Load-Surf"，设置"分析步"为第一个分析步"Step-15-30"、载荷类型为"表面载荷"，如图 8-50 所示，单击"继续"按钮 。在打开的"区域选择"对话框中选中"Surf-Load"选项，如图 8-51 所示，单击"继续"按钮 。打开"编辑载荷"对话框，保持面载荷为默认类型，即"牵引力"为"剪切"，单击"投影前的向量"后面的"编辑"按钮。提示区要求输入向量的起始点坐标，保持默认的（0.0,0.0,0.0）不变，单击鼠标中键确认；然后再输入向量的终点坐标（10.0,0.0,0.0），再次单击鼠标中键确认。此时再次打开"编辑载荷"对话框，设置"大小"为"30"，如图 8-52 所示，单击"确定"按钮 。

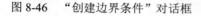

图 8-50 "创建载荷"对话框

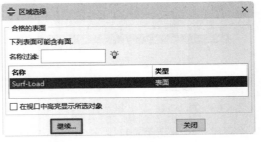

图 8-51 "区域选择"对话框

（2）在分析步 2 中，部件不再受外载作用。单击工具区中的"载荷管理器"按钮，打开"载荷管理器"对话框，选择分析步"Step-90"下面的"传递"选项，然后单击"取消激活"按钮 ，如图 8-53 所示。

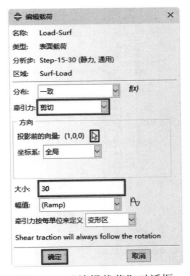

图 8-52 "编辑载荷"对话框

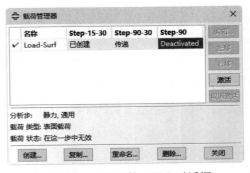

图 8-53 "载荷管理器"对话框

8.3.10 定义温度场

（1）定义淬硬层区域及非淬硬层区域常温场（15℃）。在"载荷"模块中，单击工具区中的"预定义场管理器"按钮，在打开的对话框中单击"创建"按钮，打开"创建预定义场"对话框，设置"分析步"为"Initial"（初始步）、"类别"为"其他"、"可用于所选分析步的类型"为"温度"，单击"继续"按钮。在打开的"区域选择"对话框中选择"Set-HT"集合，如图 8-54 所示，单击"继续"按钮。打开"编辑预定义场"对话框，不改变默认参数"分布：直接说明"，在"大小"文本框中输入初始温度值"15"，如图 8-55 所示，然后单击"确定"按钮。再利用同样的方法为非淬硬层区域定义温度场，非淬硬层区域温度设定为 15℃，温度场定义完毕后，"预定义场管理器"对话框如图 8-56 所示。

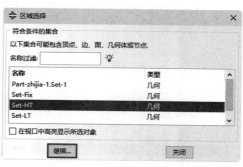

图 8-54 "区域选择"对话框　　　　图 8-55 "编辑预定义场"对话框

（2）淬硬层温度升高至 90℃，在分析步 Step-90-30 和 Step-90 中，淬硬层温度保持在 90℃。在"预定义场管理器"对话框中选择分析步"Step-90-30"下面的"传递"选项，然后单击"编辑"按钮，打开"编辑预定义场"对话框，设置"状态"为"已修改"，"大小"为"90"，如图 8-57 所示，单击"确定"按钮。

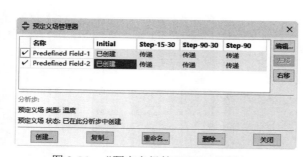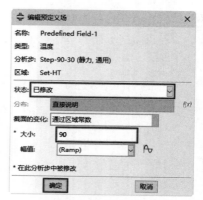

图 8-56 "预定义场管理器"对话框　　　图 8-57 修改后的"编辑预定义场"对话框

（3）修改完毕后，"预定义场管理器"对话框如图 8-58 所示。

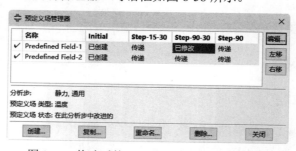

图 8-58 修改后的"预定义场管理器"对话框

8.3.11 提交分析作业

（1）在"模块"下拉列表框中选择"作业"选项，单击工具区中的"作业管理器"按钮，打开"作业管理器"对话框，单击"创建"按钮，打开"创建作业"对话框，设置"名称"为"Job-zhijia"，

视频演示

如图 8-59 所示，单击"继续"按钮 继续... 。打开"编辑作业"对话框，保持各项默认值不变，单击"确定"按钮 确定 。

图 8-59　"创建作业"对话框

（2）此时新创建的作业显示在"作业管理器"对话框中，如图 8-60 所示。单击工具栏中的"保存模型数据库"按钮 ，保存所创建的模型，然后单击"提交"按钮 提交 ，提交分析作业。

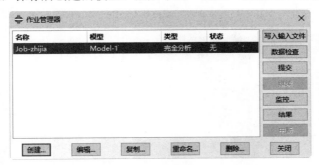

图 8-60　"作业管理器"对话框

（3）单击"监控"按钮 监控... ，打开"Job-zhijia 监控器"对话框，可以通过该对话框查看分析过程中的警告信息。分析完成后，单击"作业管理器"对话框中的"结果"按钮 结果 ，进入"可视化"模块。

8.3.12　后处理

查看残余应力的模拟结果。在"可视化"模块中，执行菜单栏中的"结果"→"场输出"命令，打开"场输出"对话框，根据需要可以查看每个分析步的各个变量，如图 8-61～图 8-63 所示。

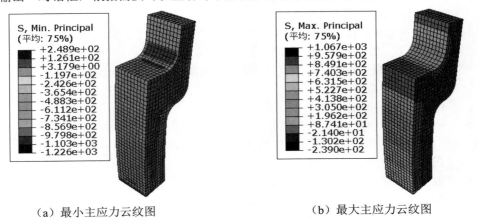

（a）最小主应力云纹图　　　　　　　（b）最大主应力云纹图

图 8-61　分析步 Step-15-30 主应力云纹图

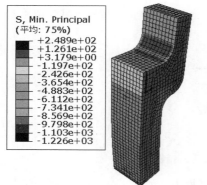
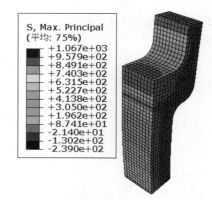

（a）最小主应力云纹图　　　　　　　（b）最大主应力云纹图

图 8-62　分析步 Step-90-30 主应力云纹图

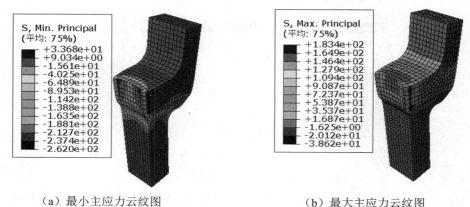

（a）最小主应力云纹图　　　　　　　（b）最大主应力云纹图

图 8-63　分析步 Step-90 主应力云纹图

8.4　本章小结

（1）热应力分析中的主要问题。

☑　ABAQUS 可以求解以下类型的传热问题：非耦合传热分析、顺序耦合热应力分析、完全耦合热应力分析、绝热分析、热电耦合分析、空腔辐射。

☑　使用 ABAQUS/Standard 进行热应力分析的基本步骤。

➤　设定材料的膨胀系数。

➤　设定模型的初始温度场。

➤　修改分析步中的温度场。

（2）实例 1：铁轨的热应力分析，该实例主要讲解了 ABAQUS/CAE 的以下功能。

☑　在"属性"模块中，定义膨胀系数。

☑　在"载荷"模块中，使用预定义场来定义温度场。

（3）实例 2：Y 形支架的热应力分析，该实例主要讲解了 ABAQUS 的以下功能。

☑　使用热应力来模拟残余应力。

☑　在"载荷"模块中，为模型的各个区域定义不同的温度场。

第 9 章

多体系统分析

本章将首先介绍应用 ABAQUS 进行多体系统分析的基本方法，并通过螺旋桨叶片的实例使读者初步掌握使用 ABAQUS 进行多体系统分析的一般过程。

传统的有限元分析大多针对某个部件进行，而多体系统的分析则依靠多体系统仿真软件（如 ADAMS）来完成。ABAQUS 的一个突出特点就是可以对多体系统进行分析，ABAQUS 提供了多种常见的连接单元和连接属性，使用这些连接单元和连接属性可以对大多数多体系统进行有限元分析。

- ☑ 熟悉软件中连接单元和连接属性。
- ☑ 掌握螺旋桨叶片旋转过程的模拟。

任务驱动&项目案例

9.1 ABAQUS 多体系统分析简介

多体系统由多个具有一定的约束关系和相对运动关系的刚体或柔性体构成。ABAQUS 多体系统分析可以模拟系统的运动情况和各个实体之间的相互作用，得到所求部位的力、力矩、位移、速度、加速度等结果。如果模型中包含柔性体，那么 ABAQUS 还可以得到柔性体部件上的应力、应变等结果。

在 ABAQUS/CAE 中进行多体系统分析时需要注意以下几点。

☑　在"部件""装配"或"相互作用"模块中定义连接单元和约束所需定义的参考点和基准坐标系。

☑　是否考虑几何的非线性，检查模型中是否会出现较大的位移和转动。如果存在几何非线性，则需要将"分析步"模块中的几何非线性参数设置为"开"。

☑　在"相互作用"模块中定义连接属性、连接单元和约束。

☑　在"分析步"模块中，默认的输出变量是不包括连接单元的，需要单独处理连接单元的历程输出变量。

☑　在"载荷"模块中定义载荷和边界条件，以及连接单元载荷和连接单元边界条件。

☑　在"可视化"模块中查看连接单元的历程输出变量，并控制连接单元的显示方式。

注意： 一般的多体系统分析中，无论是柔性体还是刚体，都会出现较大的位移和转动，所以说它是典型的几何非线性问题。在分析过程中，如果没有在"分析步"模块中将"几何非线性"设置为"开"，会得到异常的分析结果。

9.2 ABAQUS 的连接单元和连接属性

连接单元用来模拟模型中两个点之间（或一个点和地面之间）的力学和运动关系，通常把连接的点称为"连接点"，两个连接点分别称为"节点 a"和"节点 b"。连接点可以是网格实体的节点、模型中的参考点、几何实体的顶点或地面。节点或参考点形成的连接点可以施加多点约束（*MPC）、耦合约束（*COUPLING）、刚体约束（*RIGID BODY）等各种约束及载荷和边界条件。

在 ABAQUS 中使用连接单元的步骤如下。

（1）进入"相互作用"模块。

（2）执行"连接"→"几何"→"创建线条特征"命令，创建连接单元施加的位置。

（3）执行"连接"→"截面"→"创建"命令，创建连接属性。

（4）执行"连接"→"指派"→"创建"命令，创建连接单元。

注意： 在 ABAQUS 2022 版本中这一步操作是必须进行的，在 ABAQUS 6.5 及以前的版本中则不需要这一步操作。

9.2.1 连接单元边界条件和载荷

在"相互作用"模块中创建完连接单元后，可以在"载荷"模块中施加"连接单元边界条件"和"连接单元载荷"，连接单元边界条件和载荷可以直接施加在连接单元的相对运动分量上。常用的连接单元边界条件和载荷类型有如下几种。

- ☑ 连接单元位移。
- ☑ 连接单元力。
- ☑ 连接单元力矩。
- ☑ 连接单元速度。
- ☑ 连接单元加速度。

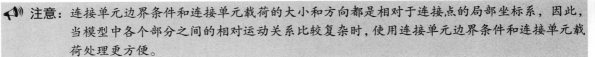

注意: 连接单元边界条件和连接单元载荷的大小和方向都是相对于连接点的局部坐标系,因此,当模型中各个部分之间的相对运动关系比较复杂时,使用连接单元边界条件和连接单元载荷处理更方便。

连接单元边界条件、连接单元载荷的作用和使用方法与普通边界条件、载荷类似,在 ABAQUS/CAE 中,定义连接单元边界条件和连接单元载荷的方法如下。

- ☑ 完成局部坐标系、分析步和连接单元的定义。
- ☑ 进入"载荷"模块,执行"边界条件"→"创建"和"载荷"→"创建"命令,在打开的"创建边界条件"对话框和"创建载荷"对话框中选择适当的边界条件和载荷类型。

9.2.2　连接单元行为

在实际的结构模型中,连接点之间存在复杂的相互作用关系,可以使用连接单元行为来描述。连接单元行为在定义连接属性时定义,可以在相对运动分量上定义多种连接单元行为。下面将介绍几种常见的连接单元行为。

- ☑ 连接单元弹性。
- ☑ 连接单元阻尼。
- ☑ 连接单元塑性。
- ☑ 连接单元摩擦。
- ☑ 连接单元锁定。
- ☑ 连接单元失效:只用于 ABAQUS/Explicit。
- ☑ 连接单元损伤:只用于 ABAQUS/Explicit。
- ☑ 连接单元止动。

与运动相关的连接单元行为只能定义在可用的相对运动分量上,定义方式包括以下几种。

- ☑ 非耦合方式:连接单元行为定义在单独的可用相对运动分量上。
- ☑ 耦合方式:连接单元行为同时定义在多个可用的相对运动分量上,相互之间发生耦合。
- ☑ 组合方式:同时使用非耦合方式和耦合方式定义连接单元行为。在 ABAQUS/CAE 中定义连接单元行为的方法为,在"相互作用"模块中,执行"连接"→"截面"→"创建"命令,在打开的"创建连接截面"对话框中选择连接单元类型,如"铰"连接,单击"继续"按钮 继续... ,进入"编辑连接截面"对话框,单击"添加"按钮 ,添加连接单元行为。

9.2.3　ABAQUS 的连接属性

连接属性用来描述连接单元的两个连接点之间的相对运动约束关系。每个连接单元都具有一定的连接属性,同一个连接属性可以赋给多个不同的连接单元。连接属性分为以下两种类型。

- ☑ 基本连接属性:基本连接属性又可细分为平移连接属性和旋转连接属性。平移连接属性影响两个连接点之间的平动自由度及第一个连接点的旋转自由度;旋转连接属性只能影响两

Note

个连接点的旋转自由度。

☑ 组合连接属性：组合连接属性是基本连接属性（平移连接属性和旋转连接属性）的组合。

连接单元定义时可以只使用一个基本的连接属性（平移连接属性或旋转连接属性），也可以使用一个平移连接属性和一个旋转连接属性的组合，或者直接使用组合连接属性。

在两个连接点上可以分别定义各自的局部坐标系，连接点在分析过程中发生旋转时，局部坐标系也会随之发生旋转。在不同的连接属性中，两个连接点上的局部坐标系有如下 3 种情况。

☑ 必须的：必须由用户定义局部坐标系。

☑ 忽略的：不需要用户定义局部坐标系。

☑ 可选的：用户可以定义也可以不定义局部坐标系。如果用户没有定义局部坐标系，第一个连接点的局部坐标系将使用全局坐标系，第二个连接点的局部坐标系将使用第一个连接点的局部坐标系。

在局部坐标系中，ABAQUS 定义了两个连接点之间的相对运动分量，包括相对平移运动分量 "U1" "U2" "U3" 和相对旋转运动分量 "UR1" "UR2" "UR3"，相对运动分量可以分为如下两种。

☑ 受约束的相对运动分量：相对运动分量需要满足一定的约束关系（如保持为零）。

☑ 可用的相对运动分量：相对运动分量不受任何约束，并且被用来定义连接单元载荷、连接单元边界条件、连接单元行为等。

9.3　实例——螺旋桨叶片的旋转过程分析

本节将以螺旋桨为例，介绍如何创建连接单元并进行多体系统分析。通过本节的学习，读者可以掌握使用 ABAQUS 创建壳体单元、为壳体定义材料属性、创建刚体约束和基准坐标系及控制连接单元的显示方式等知识。

视 频 演 示

螺旋桨模型如图 9-1 所示，该模型由叶片和轴两部分组成。叶片外圆直径为 25 mm，分 3 个叶瓣，内圆直径为 5 mm，叶片中心处有一个直径为 1 mm 的圆孔；轴的直径为 1 mm，长为 25 mm，轴的一端与叶片中心孔铰接。

图 9-1　螺旋桨模型示意图

9.3.1　创建部件

1. 创建叶片

（1）启动 ABAQUS/CAE，进入"部件"模块，单击工具区中的"创建部件"按钮，打开"创建部件"对话框，在"名称"文本框中输入"Part-yepian"，设置"模型空间"为"三维"，再依次选

图 9-2 "创建部件"对话框

择"可变形""壳""平面"选项，如图 9-2 所示，然后单击"继续"按钮 继续... 。

（2）单击工具区中的"创建圆：圆心和圆周"按钮 ⊙ ，首先在提示区输入圆心坐标（0,0），按 Enter 键确认，再输入圆上任意一点坐标（0,1），按 Enter 键确认，此时半径为 1 的圆绘制完毕。同样，再以（0,0）为圆心坐标，绘制半径分别为 5 和 25 的圆。

（3）单击工具区中的"创建构造：角处的线"按钮 ，在提示区输入角度值"80"，按 Enter 键确认，然后选择（0,0）点，再以同样的方法绘制一条偏转 100°的虚线。

（4）单击工具区中的"创建线：首尾相连"按钮 ，连接半径分别为 5 和 25 的圆与虚线的交点（只连接圆的上半部分交点），如图 9-3（a）所示。

（5）连好后单击工具区中的"删除"按钮 ，删除两条虚线，再单击"自动-裁剪"按钮 ，只保留半径为 25 的外圆正上方被截取的一小段圆弧，将其余弧线删除。然后单击工具区中的"创建倒角：两条曲线"按钮 ，在提示区输入"2"，按 Enter 键确认，单击一条连接线与半径为 25 的圆弧，再以同样的方法创建另一个倒圆角，如图 9-3（b）所示。

（6）单击工具区中的"环形阵列"按钮 ，选择圆上叶片，单击鼠标中键，打开"环形阵列"对话框，在"个数"微调框中输入"3"，在"总角度"文本框中输入"360"，如图 9-4 所示，单击"选择中心"按钮 ，在视图区拾取（0,0）点，如图 9-3（c）所示，单击"确定"按钮 确定 。再次单击工具区中的"自动-裁剪"按钮 ，修剪如图 9-3（c）中叶片两边与圆所夹圆弧，在视图区双击鼠标中键，叶片创建完毕。

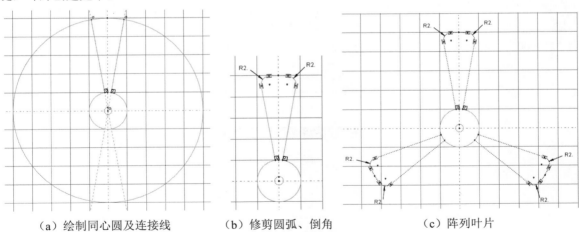

（a）绘制同心圆及连接线　　　（b）修剪圆弧、倒角　　　（c）阵列叶片

图 9-3 创建叶片

2. 创建轴

单击工具区中的"创建部件"按钮 ，打开"创建部件"对话框，在"名称"文本框中输入"Part-zhou"，设置"模型空间"为"三维"，再依次选择"可变形""实体""拉伸"选项，然后单击"继续"按钮 继续... ，进入草图绘制界面，绘制圆心为（0,0），半径为"1"的圆，在视图区双击鼠标中键，打开"编辑基本拉伸"对话框，设置"深度"为"25"，如图 9-5 所示，单击"确定"按钮 确定 。创建好的轴及叶片

如图9-6所示。

图9-4　"环形阵列"对话框

图9-5　"编辑基本拉伸"对话框

（a）轴

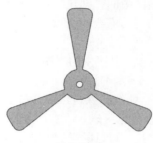

（b）叶片

图9-6　部件图

9.3.2　定义材料属性

在环境栏的"模块"下拉列表框中选择"属性"选项，进入材料属性编辑界面。单击工具区中的"创建材料"按钮，打开"编辑材料"对话框，默认名称为"Material-1"，在"材料行为"选项组中依次选择"力学"→"弹性"→"弹性"选项。此时，在下方出现的数据表中依次设置"杨氏模量"为"210000"、"泊松比"为"0.3"，保持其余参数不变，如图9-7所示，单击"确定"按钮。

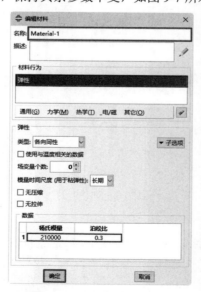

图9-7　"编辑材料"对话框

9.3.3 定义和指派截面属性

1. 定义轴的截面属性

单击工具区中的"创建截面"按钮 ⚓，打开"创建截面"对话框，在"名称"文本框中输入"Section-zhou"，单击"继续"按钮 继续... ，如图 9-8 所示。打开"编辑截面"对话框，在"材料"下拉列表框中选择"Material-1"选项，其他选项保持不变，如图 9-9 所示，单击"确定"按钮 确定 。

图 9-8 "创建截面"对话框

图 9-9 "编辑截面"对话框

2. 定义叶片的截面属性

单击工具区中的"创建截面"按钮 ⚓，打开"创建截面"对话框，在"名称"文本框中输入"Section-pian"，在"类别"选项组中选中"壳"单选按钮，其他选项保持不变，单击"继续"按钮 继续... 。打开"编辑截面"对话框，设置"壳的厚度"的"数值"为"0.5"，在"材料"下拉列表框中选择"Material-1"选项，保持其他各项不变，如图 9-10 所示，单击"确定"按钮 确定 。

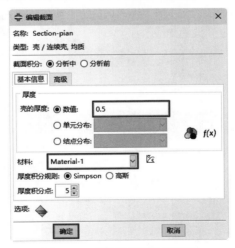

图 9-10 "编辑截面"对话框

3. 指派截面属性

（1）在环境栏的"部件"下拉列表框中选择"Part-yepian"选项，单击工具区中的"指派截面"按钮 ⚓ ，在视图区选择整个模型，单击提示区中的"完成"按钮 完成 （或在视图区单击鼠标中键），打开"编辑截面指派"对话框，在"截面"下拉列表框中选择"Section-pian"选项，如图 9-11 所示，单击"确定"按钮 确定 。

（2）在环境栏的"部件"下拉列表框中选择"Part-zhou"选项，单击"指派截面"按钮，在视图区选择整个模型，单击提示区中的"完成"按钮^{完成}（或在视图区中单击鼠标中键），打开"编辑截面指派"对话框，在"截面"下拉列表框中选择"Section-zhou"选项，如图 9-12 所示，单击"确定"按钮^{确定}。

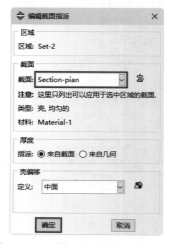

图 9-11　"编辑截面指派"对话框 1　　　图 9-12　"编辑截面指派"对话框 2

9.3.4　定义装配

在"模块"下拉列表框中选择"装配"选项，执行菜单栏中的"实例"→"创建"命令，打开"创建实例"对话框，在"部件"选项组中选择"Part-yepian"和"Part-zhou"选项，保持其余各项默认值，如图 9-13 所示，单击"确定"按钮^{确定}。

图 9-13　"创建实例"对话框

9.3.5　定义参考点和坐标系

1.创建参考点

（1）在"模块"下拉列表框中选择"相互作用"选项，单击工具区中的"创建参考点"按钮，在提示区输入坐标（0.0,0.0,0.0），按 Enter 键确认，视图区会显示出名为 RP-1 的参考点。使用同样的方法，再创建坐标为（0,25,0）的参考点 RP-2 和坐标为（0,0,25）的参考点 RP-3。

（2）抑制不需要的基准坐标系 Datum csys-1。在模型树中的"装配/特征（5）"下，可以看到一个已有的基准坐标系"Datum csys-1"，右击并在打开的快捷菜单中选择"禁用"命令来抑制它，也可以通过选择"删除"命令删除它。被删除的特征无法恢复，而被禁用的特征可以通过选择"继续"命令来恢复。

2．为连接单元施加基准坐标系

连接单元第 1 个连接点上的局部 1 方向应该是轴线方向。单击工具区中的"创建基准坐标系：三个点）按钮，打开"创建基准坐标系"对话框，在"名称"文本框中输入"Datum csys-Hinge"，设置类型为"直角坐标系"，然后单击"继续"按钮。提示区会显示出全局坐标系下默认的原点坐标为（0,0,0），按 Enter 键确认；然后输入局部 X 轴上的点坐标（0,0,1），按 Enter 键；再输入局部 X-Y 平面上的点坐标（0,1,0），按 Enter 键，得到的基准坐标系如图 9-14 所示。

上述过程完成之后，可以在左侧模型树中进行查看，其位置在"装配/特征（5）"下，如图 9-15 所示。此时视图区只显示新定义的坐标系，而原坐标系被隐藏。

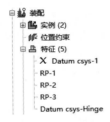

图 9-14　参考点与基准坐标　　　　图 9-15　查看坐标系

9.3.6　定义集合

在"相互作用"模块下，执行菜单栏中的"工具"→"集"→"管理器"命令，打开"设置管理器"对话框，单击"创建"按钮，依次创建下列集合。

Set-yepian-top 集合：参考点 RP-2。

单击"创建"按钮，打开"创建集"对话框，在"名称"文本框中输入"Set-yepian-top"，单击"继续"按钮，选中参考点 RP-2，如图 9-16 所示，在视图区单击鼠标中键确认，Set-yepian-top 集合建立完毕。

参照上述方法创建 Set-yepian-center、Set-RP-gan 和 Set-yepian 共 3 个集合，在创建第 5 个集合时，由于杆为实体，不能直接选中，首先找到"选择"工具条，在"全部"下拉列表框中选择"几何元素"选项，然后再选择杆件。

☑　Set-yepian-center 集合：参考点 RP-1。

☑　Set-RP-gan 集合：参考点 RP-3。

☑　Set-yepian 集合：整个叶片实体。

☑　Set-gan 集合：整个杆件实体。

集合创建完毕后，"设置管理器"对话框如图 9-17 所示。

图 9-16 定义约束集合

图 9-17 "设置管理器"对话框

9.3.7 定义约束

视频演示

1. 定义叶片的刚体约束

（1）叶片的所有单元和其中心的参考点 RP-yepian-center 都受到刚体约束，此刚体约束的参考点是矩形顶部的 RP-yepian-top。在"相互作用"模块中，单击工具区中的"约束管理器"按钮 📇，单击"约束管理器"对话框中的"创建"按钮 创建...，打开"创建约束"对话框，在"名称"文本框中输入"Constraint-yepian"，选择约束类型为"刚体"，如图 9-18 所示，然后单击"继续"按钮 继续...。

（2）在打开的"编辑约束"对话框中，选中"区域类型"下面的"体（单元）"选项，如图 9-19 所示，然后单击右侧的"编辑选择"按钮。单击提示区中的"集"按钮 集，在打开的"区域选择"对话框中选中"Set-yepian"选项，如图 9-20 所示，然后单击"继续"按钮 继续...。在"编辑约束"对话框中，选中"区域类型"下面的"绑定（结点）"选项，单击"编辑选择"按钮 ⌖，单击提示区中的"集"按钮，在打开的"区域选择"对话框中选择"Set-yepian-center"作为受约束的点，单击"继续"按钮 继续...。重新打开"编辑约束"对话框，单击"参考点"选项组中的"编辑"按钮 ⌖，单击提示区中的"集"按钮，在打开的"区域选择"对话框中选择"Set-yepian-top"作为受刚体约束的点。在"约束管理器"对话框中单击"编辑"按钮 编辑...，视图区中将以高亮方式显示该刚体约束，通过此操作可以查看所选区域的正确性。

图 9-18 "创建约束"对话框

图 9-19 "编辑约束"对话框

2. 定义轴的刚体约束

（1）单击"约束管理器"对话框中的"创建"按钮 创建...，打开"创建约束"对话框，在"名称"

文本框中输入"Constraint-zhou",选择约束类型为"区域类型",然后单击"继续"按钮 继续...。

（2）在打开的"编辑约束"对话框中,选中"区域类型"下面的"体(单元)"选项,然后单击右侧的"编辑选择"按钮🔓。单击提示区中的"集"按钮 集,在打开的"区域选择"对话框中选中"Set-gan"选项,然后单击"继续"按钮 继续...。在"编辑约束"对话框中,单击"参考点"选项组中的"编辑"按钮🔓,单击提示区中的"集"按钮,在打开的"区域选择"对话框中选择"Set-RP-gan"作为受刚体约束的点,单击"继续"按钮 继续...。在"约束管理器"对话框中单击"编辑"按钮 编辑...,视图区中将以高亮方式显示该刚体约束,通过此操作可以查看所选区域的正确性。定义完成后如图 9-21 所示,最后单击"约束管理器"对话框中的"关闭"按钮 关闭。

Note

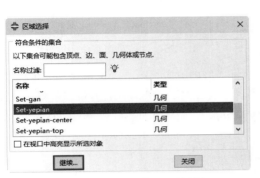

图 9-20　"区域选择"对话框

图 9-21　"编辑约束"对话框

9.3.8　定义连接属性和连接单元

1．定义连接属性

（1）在"相互作用"模块中,单击工具区中的"创建连接截面"按钮📋,打开"创建连接截面"对话框,在"名称"文本框中输入"ConnSect-Hinge",设置"已装配/复数类型"为"铰",如图 9-22 所示,然后单击"继续"按钮 继续...。在打开的"编辑连接截面"对话框中保持默认值,单击"确定"按钮 确定,完成操作。

（2）单击工具区中的"创建线条特征"按钮✏️,打开"创建线框特征"对话框,单击"添加"按钮➕,在视图区中选择轴的端点 RP-1 作为第一(或第二)点,选择圆盘中心点 RP-3 作为第二(或第一)点,如图 9-23 所示,单击"完成"按钮 完成,确认选中"创建线框集合"复选框,单击"确定"按钮 确定。

视频演示

图 9-22　"创建连接截面"对话框

图 9-23　选择连接点

2. 定义连接单元

（1）单击工具区中的"创建连接指派"按钮，在打开的"区域选择"对话框中选择"Wire-l-Set-l"选项，如图 9-24 所示，单击"继续"按钮 ，打开"编辑连接截面指派"对话框，如图 9-25 所示。

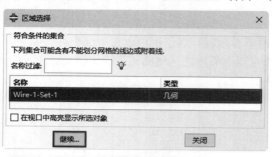

图 9-24　"区域选择"对话框　　　　　图 9-25　"编辑连接截面指派"对话框

（2）设置"截面"为"ConnSect-Hinge"，切换到"方向 1"选项卡，单击"制定坐标系"右侧的"编辑"按钮，单击提示区中的"基准坐标系列表"按钮 ，在打开的"基准坐标系列表"对话框中选择已经定义好的基准坐标系"Datum csys-Hinge"，如图 9-26 所示，单击"确定"按钮 ，切换到"方向 2"选项卡，保持各选项不变，单击"确定"按钮 ，完成连接单元的定义。

图 9-26　"基准坐标系列表"对话框

9.3.9　设置分析步和历程输出变量

1. 定义分析步

在"模块"下拉列表框中选择"分析步"选项，进入分析步编辑界面。单击工具区中的"创建分析步"按钮，打开"创建分析步"对话框，"程序类型"保持默认值"通用"，并选择"静力，通用"类型，单击"继续"按钮 。在打开的"编辑分析步"对话框中设置"几何非线性"为"开"，选择"增量"选项卡，设置"增量步大小"的"初始"值为"0.1"、"最小"值为"1E-06"、"最大"值为"0.1"，如图 9-27 所示，单击"确定"按钮 ，完成分析步的定义。

2. 设置连接单元的历程变量输出

单击工具区中的"历程输出管理器"按钮，在打开的"历程输出请求管理器"对话框中可以看到 ABAQUS/CAE 已经自动生成了一个名为"H-Output-l"的历程输出变量。单击"编辑"按钮 ，打开"编辑历程输出请求"对话框，设置"作用域"为"集：Wire-l-Set-l"，展开"连接"列表，在下拉选项中选择"CTF，合力和合力距"和"CU，相对位移和旋转"选项，再展开"位移/速度/加速度"列表，在下拉选项中选择"U，平移和转动"选项，如图 9-28 所示，然后单击"确定"按钮 ，完成输出变量的定义。

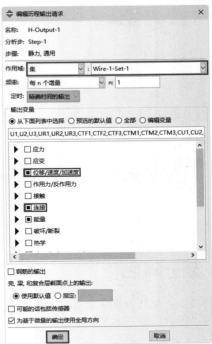

图 9-27 "编辑分析步"对话框

图 9-28 "编辑历程输出请求"对话框

9.3.10 定义边界条件和载荷

（1）在杆的刚体约束参考点 RP-gan 上施加固支边界条件。进入"载荷"模块，单击工具区中的"创建边界条件"按钮，打开"创建边界条件"对话框，创建名称为"BC-gan"的边界条件，"分析步"选择"Initial"（初始步），"可用于所选分析步的类型"选择"对称/反对称/完全固定"，单击"继续"按钮。打开"区域选择"对话框，选择"Set-RP-gan"集合，如图 9-29 所示，单击"继续"按钮。在打开的"编辑边界条件"对话框中选中"完全固定（U1=U2=U3=UR1=UR2=UR3=0）"单选按钮。

（2）在叶片的刚体约束参考点 RP-yepian-top 上施加位移约束。单击工具区中的"创建边界条件"按钮，打开"创建边界条件"对话框，创建名称为"BC-pian"的边界条件，分析步选择"Step-l"，类型选择"位移/转角"，如图 9-30 所示，单击"继续"按钮。打开"区域选择"对话框，选择"Set-yepian-top"集合，如图 9-31 所示，单击"继续"按钮。在打开的"编辑边界条件"对话框中设置"U1"为"1"，如图 9-32 所示，单击"确定"按钮。

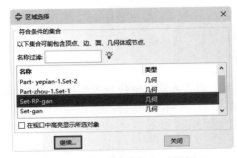

图 9-29 "区域选择"对话框 1

图 9-30 "创建边界条件"对话框

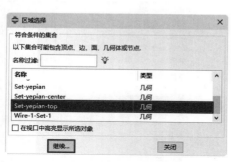

图 9-31 "区域选择"对话框 2

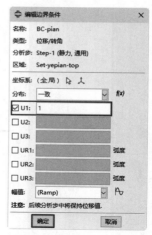

图 9-32 "编辑边界条件"对话框

9.3.11 划分网格

在"模块"下拉列表框中选择"网格"选项,进入网格功能界面,在窗口顶部的环境栏"对象"选项中选中"部件"单选按钮。

1. 设置全局种子

(1) 在环境栏的"部件"下拉列表框中选择"Part-yepian"选项,单击工具区中的"种子部件"按钮██,打开"全局种子"对话框,设置"近似全局尺寸"为"1",如图 9-33 (a) 所示,单击"确定"按钮██。此时提示区出现"布种定义完毕",单击后面的"完成"按钮██,完成种子定义。

(2) 在环境栏的"部件"下拉列表框中选择"Part-zhou"选项,单击工具区中的"种子部件"按钮██,打开"全局种子"对话框,设置"近似全局尺寸"为"0.2",如图 9-33 (b) 所示,单击"确定"按钮██。此时提示区出现"布种定义完毕",单击后面的"完成"按钮██,完成种子定义。

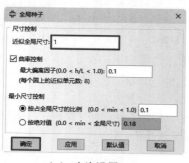

(a) 叶片设置

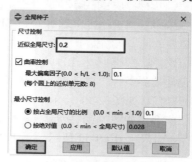

(b) 轴设置

图 9-33 "全局种子"对话框

2. 定义网格属性

(1) 首先为 Part-yepian 定义网格属性。在环境栏的"部件"下拉列表框中选择"Part-yepian"选项,单击工具区中的"指派网格控制属性"按钮██,打开"网格控制属性"对话框,设置"单元形状"为"四边形","技术"为"自由","算法"为"进阶算法",如图 9-34 所示,单击"确定"按钮██。

(2) 利用相同的方法为 Part-zhou 定义网格属性。在环境栏的"部件"下拉列表框中选择"Part-zhou"选项,单击工具区中的"指派网格控制属性"按钮██,打开"网格控制属性"对话框,设置"单元形状"为"六面体"、"技术"为"扫掠"、"算法"为"进阶算法",单击"确定"按钮 确定 。

3. 设定单元类型

(1)首先为 Part-zhou 设定单元类型。在环境栏的"部件"下拉列表框中选择"Part-zhou"选项,单击工具区中的"指派单元类型"按钮 S4R,打开"区域选择"对话框,选择"Set-1"选项,单击"继续"按钮 继续... ,打开"单元类型"对话框,设置"几何阶次"为"线性",其他选项保持默认值,此时的单元类型为 C3D8R,如图 9-35 所示,单击"确定"按钮 确定 ,返回"区域选择"对话框,单击"关闭"按钮,将其关闭。

图 9-34 "网格控制属性"对话框

图 9-35 "单元类型"对话框

(2)以同样的方法为 Part-yepian 设置单元类型。在环境栏的"部件"下拉列表框中选择"Part-yepian"选项,单击工具区中的"指派单元类型"按钮 S4R,打开"区域选择"对话框,选择"Set-1"选项,单击"继续"按钮 继续... ,打开"单元类型"对话框,设置"几何阶次"为"线性",其他选项保持默认值,此时的单元类型为 S4R,单击"确定"按钮 确定 ,返回"区域选择"对话框,单击"关闭"按钮,将其关闭。

4. 划分网格

单击工具区中的"为部件划分网格"按钮 ,此时提示区中出现"要为部件划分网格吗?",单击"是"按钮即可对部件进行网格划分,划分完成的部件如图 9-36 所示。

(a)对叶片划分网格　　　　　　　　　　(b)对轴划分网格

图 9-36 对部件划分网格

9.3.12 提交分析作业

（1）在"模块"下拉列表框中选择"作业"选项，单击工具区中的"作业管理器"按钮，打开"作业管理器"对话框，单击"创建"按钮，打开"创建作业"对话框，设置"名称"为"Job-luoxuanjiang"，单击"继续"按钮。打开"编辑作业"对话框，保持各项默认值不变，单击"确定"按钮。

（2）此时新创建的作业显示在"作业管理器"对话框中，如图9-37所示。单击工具栏中的"保存模型数据库"按钮，保存所创建的模型，然后单击"提交"按钮，提交分析作业。

图9-37 "作业管理器"对话框

（3）单击"监控"按钮，打开"Job-luoxuanjiang 监控器"对话框，可以通过该对话框查看分析过程中的警告信息，如图9-38所示。分析完成后，单击"结果"按钮，进入"可视化"模块。

图9-38 "Job-luoxuanjiang 监控器"对话框

9.3.13 后处理

（1）显示动画效果。单击工具区中的"动画：缩放系数"按钮，以显示变形过程中的动画。

（2）显示集中力和力矩云纹图。单击工具区中的"在变形图上绘制云图"按钮，此时显示的是集中力和力矩的云纹图，如图9-39所示。

（3）显示叶片的位移信息。执行菜单栏中的"结果"→"场输出"命令，打开"场输出"对话框，在"输出变量"选项组中选择"U"选项，单击"应用"按钮，此时的云纹图显示叶片的位移信息，如图9-40所示。

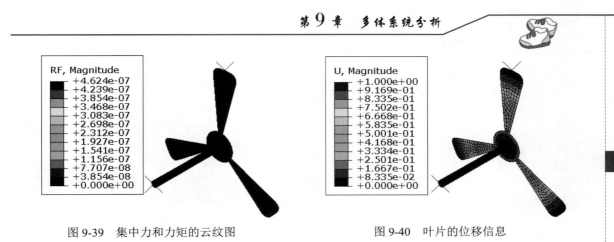

图 9-39　集中力和力矩的云纹图　　　　图 9-40　叶片的位移信息

9.4　本章小结

　　ABAQUS 的一个突出特点就是可以对多体系统进行分析。ABAQUS 提供了多种常见的连接单元和连接属性，使用这些连接单元和连接属性可以对大多数多体系统进行有限元分析。

　　绝大部分机构都是由若干个部件组成的，在进行机械设计时，一般情况下先对每个部件进行分析，装配后再对整个系统进行多体系统仿真分析。传统的有限元分析大多针对某个部件进行分析，而多体系统的分析则依靠多体系统仿真软件（如 ADAMS 等）来完成。

第 10 章

多步骤分析

　　本章将介绍使用 ABAQUS 处理多步骤分析的过程和方法，学习利用 ABAQUS 处理更多复杂的载荷问题。

　　ABAQUS 模拟分析的目标是确定模型对所施加载荷的响应。在某些情况下载荷可能相对简单，然而在另外一些问题中，施加在结构上的载荷可能会相当复杂。对于复杂载荷，ABAQUS 允许用户将整个载荷历史划分为若干个分析步，在每个设定的分析步内，ABAQUS 计算该模型对一组特殊的载荷和边界条件的响应。

　　☑　了解使用 ABAQUS 处理多步骤问题的分析过程。

　　☑　熟悉铲斗系统的振动分析方法。

任务驱动&项目案例

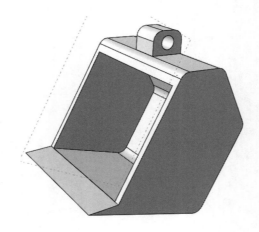

10.1 分析过程

在 ABAQUS 中，用户将整个的载荷历史划分为若干个分析步。每一个分析步是指定的一个时间段，这样便于 ABAQUS 计算模型对该时间段内指定一组的载荷和边界条件的响应。在每一个分析步中，必须指定响应的类型，称为分析过程式，在同一个问题中不同的分析步之间可以改变分析式。例如，可以在一个分析步中施加静态恒载荷计算静力响应，如自重载荷；而在其后的分析步中施加地震加速度计算动力响应。

> 💡 提示：隐式和显式分析均可以包含多个分析步，但是，在同一个分析作业中不能组合隐式和显式分析。

10.1.1 分析过程的分类

ABAQUS 将分析过程主要划分为两类：线性摄动和一般性分析。由于 ABAQUS 对这两种分析程式的加载条件和时间的定义不同，因而对线性摄动和一般性分析做了明确的区分。应区分对待这两种分析的结果。

在常规分析过程即一般分析步中，分析的类型可以是线性的，也可以是非线性的。在线性摄动分析步之前的一般性分析步中产生模型的基态，ABAQUS 将其用作线性摄动分析步的预变形和预加载状态，使得 ABAQUS 的模拟分析能力比仅仅只有一般分析功能的软件更具有一般性和广泛性。

10.1.2 一般分析步

每个一般分析步都是以前一个一般分析步结束时的变形状态作为起点，因此，模型的状态随着一系列的一般分析步中定义的载荷作用而变化。初始条件所定义的状态是仿真过程中第一个一般分析步的起始点。所有的一般分析程式中施加的载荷及时间的概念是相同的。

1. 一般分析步的时间

在一个模拟分析过程中 ABAQUS 有两种时间尺度：总体时间和分析步时间。总体时间贯穿于所有一般分析步中，总是在增长，是每一个一般分析步所有时间的总和；每个分析步有各自的时间尺度，称为分析步时间，每一个分析步时间都是从零开始的。随时间变化的载荷和边界条件可以视具体情况选一种时间尺度来定义。

> 💡 提示：图 10-1 所示为一个分析过程的时间尺度，将此历程分解为 3 个分析步，每个分析步 200 s。

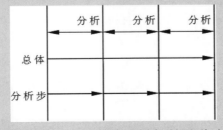

图 10-1 对于一个模拟的分析步时间和总时间

2. 一般分析步中的指定载荷

在一般分析步中，载荷必须以总量而不是以增量的形式给定。如果一个集中载荷的值在第 1 个分析步中为 1000 N，并在第 2 个一般分析步中增加到 4000 N，那么这两个分析步中给出的载荷量值应该是 1000 N 和 4000 N，而不是 1000 N 和 3000 N。

在默认情况下，前面各分析步定义的载荷在当前分析步同样有效。当然也可以在当前分析步中另外增减载荷以及改变以前所施加的载荷（如改变载荷的大小或撤去载荷）。如果前面所定义的载荷的幅值是以总体时间尺度定义的，在当前分析步中没有对其进行专门的修改，它将按照相关的幅值定义继续作用，否则以最后一个一般分析步终点的载荷大小继续作用。

10.1.3 线性摄动分析步

线性摄动分析步的起点称为模型的基态。如果模拟中的第 1 个分析步是线性摄动分析步，则基态就是用初始条件所指定的模型的状态；否则，基态就是在线性摄动分析步之前一个一般分析步结束时的模拟的状态。尽管在摄动分析步中结构的响应被定义为线性，但模型在前一个一般分析步中可以有非线性响应。对于在前面一般分析步中有非线性响应的模型，ABAQUS/Standard 应用当前的弹性模量作为摄动分析步的线性刚度。这个模量对于弹-塑性材料来说是初始弹性模量，对于超弹性材料来说是切线模量（见图 10-2）。ABAQUS Analysis User's Manual 中描述了关于其他材料模型应用的弹性模量。

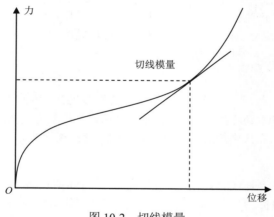

图 10-2　切线模量

在摄动步中的载荷应该足够小，这样模型的响应将不会过多地偏离切线模量所预测的响应。如果模拟中包括了接触，则在摄动分析步中两个接触面之间的接触状态不发生改变：在基态中闭合的点仍保持闭合，而脱离的点仍保持脱离。

图 10-2 所示为一般非线性分析步之后的线性摄动分析步，应用切线模量作为其刚度。

1. 线性摄动分析步的时间

如果在摄动分析步后跟随另一个一般分析步，那么它应用前一个一般分析步结束时的模型的状态作为它的起点，而不是摄动分析步结束时的模型的状态。来自线性摄动分析步的响应对模拟不产生持久性的影响。因此，ABAQUS/Standard 分析过程的总体时间中并不包含线性摄动分析步的步骤时间。

ABAQUS/Standard 将摄动分析步的步骤时间定义成一个非常小的量，因此将它添加到总体时间上时没有任何影响。唯一的例外是模态动态过程。

2. 线性摄动分析步中的指定载荷

线性摄动分析步中所给定的载荷和边界条件总是在该分析步内有效；线性摄动分析步中给定的载荷量值（包括预设的边界条件）总是载荷的增量，而不是载荷的总量值。因此，任何结果变量的值仅作为摄动值输出，不包含在基态变量中的值。

在 ABAQUS/Standard 中，以下过程总是采用线性摄动分析步。

☑　随机响应。

☑　响应谱分析。

☑　线性特征值屈曲。

☑　频率提取。

☑　瞬时模态的动态分析。

☑　稳态动力分析。

静态过程可以是一般过程或是线性摄动过程。

Note

10.2　实例——铲斗系统的振动分析

铲斗是挖掘类工程机械的重要组成部分，为了保证铲斗在工作过程中不发生共振，要求设计时确定其所需要的工作载荷量值，以使最低的振动频率高于共振频率。本节将通过铲斗系统的振动分析介绍使用 ABAQUS 进行多步骤问题分析的方法和步骤。

10.2.1　实例描述

本实例将对铲斗系统的振动进行模拟仿真分析，部件结构如图 10-3 所示。

10.2.2　创建部件

启动 ABAQUS/CAE，进入"部件"模块，单击工具区中的"创建部件"按钮，打开"创建部件"对话框，在"名称"文本框中输入"Part-chandou"，设置"模型空间"为"三维"，再依次选择"可变形""实体""拉伸"选项，如图 10-4 所示，然后单击"继续"按钮。

图 10-3　铲斗部件

视 频 演 示

1. 创建铲斗实体

（1）单击工具区中的"创建线：首尾相连"按钮，绘制顶点坐标分别为（-125，-25）、（500，100）、（500，600）、（200，800）、（0，700）、（0，50）及（-125，-25）的多边形。单击"创建倒角：两条曲线"按钮，在提示区中输入倒圆角半径为"50"，单击鼠标中键确认，倒圆角示意图如图 10-5 所示。

（2）在视图区中双击鼠标中键，打开"编辑基本拉伸"对话框，在"深度"文本框中输入"700"，如图 10-6 所示，单击"确定"按钮。

2. 在生成部件上表面创建固定端

（1）单击工具区中的"创建实体：拉伸"按钮，单击部件上表面，如图 10-7 所示，单击 AB 边进入草绘区。单击工具区中的"创建线：首尾相连"按钮，绘制顶点坐标分别为（-81.84，81.8）、（81.84，81.8）、（81.84，-81.8）、（-81.84，-81.8）及（-81.84，81.8）的四边形。

图 10-4 "创建部件"对话框

图 10-5 倒圆角示意图

图 10-6 "编辑基本拉伸"对话框

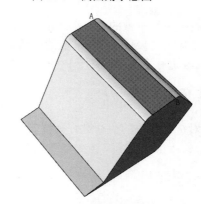

图 10-7 创建固定端

（2）在视图区双击鼠标中键确认，弹出"编辑拉伸"对话框，在"深度"文本框中输入"150"，如图 10-8 所示。

3. 为固定端挖孔

单击工具区中的"创建切削：扫掠"按钮，弹出"创建扫掠切割"对话框，如图 10-9 所示。在"路径"选项组中选中"边"单选按钮，并单击其后的"编辑"按钮，选择固定端上方前侧的棱线，单击鼠标中键确认，此时会在所选的边上指示挖孔的方向，如图 10-10 所示，再次单击鼠标中键确认。再单击"剖面"选项组中"草图"后的"编辑"按钮，单击提示区中的"指定"按钮 指定，选择固定端 ABCD 侧面，再单击 DC 边进入草绘区。单击"创建圆：圆心和圆周"按钮，在提示区输入圆心坐标（0,0），再输入圆上一点坐标（0,35），双击鼠标中键确认，最后单击"创建扫掠切割"对话框中的"确定"按钮 确定。

4. 创建铲斗的内腔

（1）首先建立辅助平面，单击工具区中的"创建基准平面：从主平面偏移"按钮，单击提示区中的"XY 平面"按钮 XY 平面，在"偏移"文本框中输入"30"，单击鼠标中键确认。

图 10-8 "编辑拉伸"对话框

图 10-9 "创建扫掠切割"对话框

（2）单击"创建切削：拉伸"按钮，选中辅助平面（单击辅助平面的虚线），再单击如图 10-10 所示的 FG 边，进入草绘区。单击工具区中的"创建线：首尾相连"按钮，绘制顶点坐标分别为（-187.5, 193.6）、（-137.5,193.6）、（-137.5,234.4）、（8.9,307.6）、（262.5,138.6）、（262.5,-293.7）、（-187.5,-398.09）及（-187.5,193.6）的多边形，单击工具区中的"创建倒角：两条曲线"按钮，在提示区输入倒圆角半径为"50"，单击鼠标中键确认，倒圆角示意图如图 10-11 所示。

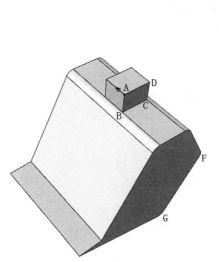

图 10-10 挖孔的方向

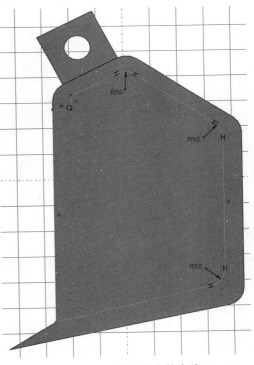

图 10-11 创建铲斗的内腔

（3）在视图区双击鼠标中键确认，此时模型显示如图 10-12（a）所示。同时弹出"编辑切削拉伸"对话框,在"类型"下拉列表框中选择"指定深度"选项,在"深度"文本框中输入"640",如图 10-12(b)所示,视图区会有红色箭头指示挖孔的方向,如果其方向与所需方向相反,则单击"翻转方向"按钮,再单击"确定"按钮,完成挖孔操作。

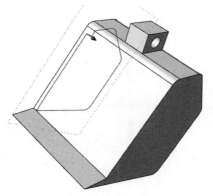

(a)绘制挖孔轮廓后的模型　　　　　(b)"编辑切削拉伸"对话框

图 10-12　挖孔

5. 完成铲斗创建

单击"创建内/外圆角"按钮,按住 Shift 键,选择固定端前侧棱边和后侧棱边,单击鼠标中键确认,在提示区输入倒圆角半径为"50",单击鼠标中键确认,完成后的部件如图 10-13 所示。

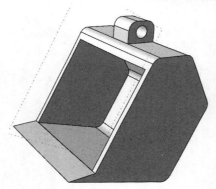

图 10-13　创建完毕的部件

10.2.3　定义材料属性

在环境栏的"模块"下拉列表框中选择"属性"选项,进入材料属性编辑界面。单击工具区中的"创建材料"按钮,弹出"编辑材料"对话框,默认名称为"Material-1"。

1. 设置弹性常数

在"材料行为"选项组中依次选择"力学"→"弹性"→"弹性"选项。此时,在下方出现的数据表中依次设置"杨氏模量"为"210000"、"泊松比"为"0.3",如图 10-14(a)所示。

2. 设置材料密度

在"材料行为"选项组中选择"通用"→"密度"选项。此时,在下方出现的"质量密度"中输

入 "7.8e-9"，如图 10-14（b）所示，单击"确定"按钮 确定 。

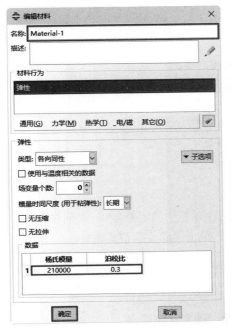

（a）弹性常数

（b）物质密度

图 10-14　"编辑材料"对话框

Note

10.2.4　定义和指派截面属性

1. 定义截面属性

单击工具区中的"创建截面"按钮 ，弹出"创建截面"对话框，默认名称为"Section-1"，选择"实体"和"均质"选项，如图 10-15 所示，单击"继续"按钮 继续... 。弹出"编辑截面"对话框，在"材料"下拉列表框中选择"Material-1"选项，如图 10-16 所示，单击"确定"按钮 确定 。

图 10-15　"创建截面"对话框

图 10-16　"编辑截面"对话框

2. 指派截面属性

单击工具区中的"指派截面"按钮 ，在视图区选择整个部件，单击提示区中的"完成"按钮 完成 （或在视图区单击鼠标中键），弹出"编辑截面指派"对话框，如图 10-17 所示，单击"确定"按钮 确定 。

图 10-17　"编辑截面指派"对话框

10.2.5　定义装配

在"模块"下拉列表框中选择"装配"选项，执行菜单栏中的"实例"→"创建"命令，打开"创建实例"对话框，保持各项默认值，如图 10-18 所示，单击"确定"按钮 确定 。

图 10-18　"创建实例"对话框

10.2.6　设置分析步

1. 创建分析步

在"模块"下拉列表框中选择"分析步"选项，进入分析步编辑界面。单击工具区中的"创建分析步"按钮 ●▪■，弹出"创建分析步"对话框，在"名称"文本框中输入"Step-Freq"，设置"程序类型"为"线性摄动"，并选择"频率"选项，如图 10-19（a）所示，单击"继续"按钮 继续... 。弹出"编辑分析步"对话框，在"数值"文本框中输入"30"，如图 10-19（b）所示，单击"确定"按钮 确定 ，完成分析步的创建。

2. 设置重启动条件

在应用 ABAQUS/Standard 进行重启动分析时，必须在"分析步"界面下对软件进行设置，以生成重新启动所必须的 RES 文件（ABAQUS 重启动所需文件如表 10-1 所示）。

（a）"创建分析步"对话框

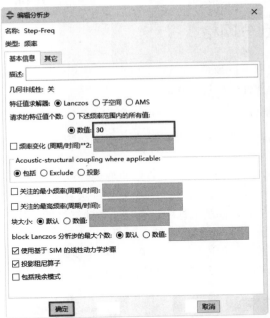

（b）"编辑分析步"对话框

图 10-19 创建分析步

表 10-1 ABAQUS 重启动所需文件

ABAQUS/Standard	ABAQUS/Explicit
	Output database（.odb）
	Restart file（.res）
Output database（.odb）	Model file（.mdl）
Restart file（.res）	Package file（.pac）
Model file（.mdl）	Part file（.prt）
Part file（.prt）	State files（.abq and.stt）
State file（.stt）	Selected results file（.sel）

执行菜单栏中的"输出"→"重启动请求"命令，弹出"编辑重启动请求"对话框，将"频率"下的数值"0"改为"1"，如图 10-20 所示，单击"确定"按钮 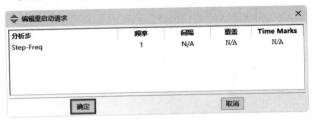。

图 10-20 "编辑重启动请求"对话框

💡 提示：在"编辑重启动请求"对话框中，"频率"表示输出"重启动数据"的频率。以图 10-20 所示的数据为例，"频率"下的数据为"1"，表示每 1 个增量步输出并记录一次模型数据；当"频率"为"0"时，不会输出数据。

10.2.7 划分网格

在"模块"下拉列表框中选择"网格"选项，进入网格功能界面，在窗口顶部的环境栏"对象"选项中选中"部件"单选按钮。

1. 分割部件

单击工具区中的"拆分几何元素：定义切割平面"按钮，单击提示区中的"一点及法线"按钮一点及法线，此时部件上出现若干个点。对照图10-21（a）所示，首先单击部件上的A点（A点由黄色变为红色），再单击AB直线（该直线也变为红色，并出现方向指示箭头），如图10-21（b）所示，最后单击提示区中的"创建分区"按钮创建分区（或在视图区单击鼠标中键）完成分割。单击部件分割后连接固定端的部分，单击鼠标中键确认。按照同样的方法，分别以B、C、D为分割点，以AB为方向直线，再进行分割，分割后的部件如图10-21（c）所示。再单击"拆分几何元素：延伸面"按钮，选中部件中与固定端相连的部分，单击鼠标中键确认，单击部件上与固定端相邻的平面EFGH，再单击鼠标中键，至此部件全部由棕黄色变为黄色，部件分割完毕，可以通过扫掠的方式划分网格。

  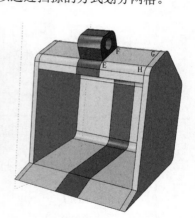

（a）选择分割点　　　　　（b）选择分割的方向线　　　（c）通过延伸面分割部件

图10-21　分割部件

2. 设置全局种子

单击工具区中的"种子部件"按钮，弹出"全局种子"对话框，设置"近似全局尺寸"为"20"，如图10-22所示，单击"确定"按钮确定。

3. 定义网格属性

单击工具区中的"指派网格控制属性"按钮，在视图区将部件全选，单击提示区中的"完成"按钮完成，弹出"网格控制属性"对话框，设置"单元形状"为"六面体"、"技术"为"扫掠"，如图10-23所示，单击"确定"按钮确定。

4. 设定单元类型

单击工具区中的"指派单元类型"按钮，在视图区中将部件全选，并单击鼠标中键，打开"单元类型"对话框，设置"几何阶次"为"线性"，其他选项保持默认值，此时的单元类型为C3D8R，如图10-24所示，单击"确定"按钮确定。

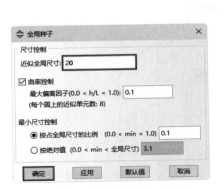

图 10-22　"全局种子"对话框

图 10-23　"网格控制属性"对话框

5.　划分网格

单击工具区中的"为部件划分网格"按钮 ，在视图区中单击鼠标中键，完成网格的划分，如图 10-25 所示。

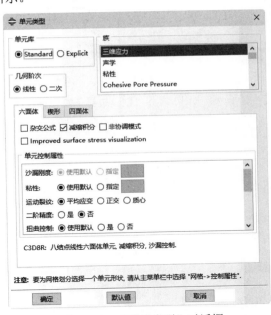

图 10-24　"单元类型"对话框

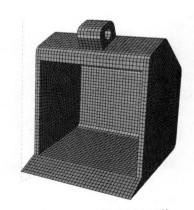

图 10-25　对部件划分网格

单击工具栏中的"保存模型数据库"按钮 ，保存所创建的模型。

10.2.8　边界条件和载荷

1.　定义集合和载荷面

在"模块"下拉列表框中选择"载荷"选项，进入载荷编辑界面。执行菜单栏中的"工具"→"集"→"管理器"命令，弹出"设置管理器"对话框，单击"创建"按钮 ，弹出"创建集"对话框，在"名称"文本框中输入"Set-Fix"，单击"继续"按钮 ，选中如图 10-26 所示的端面，在视图区单击鼠标中键确认，Set-Fix 集合建立完毕。

Note

2. 定义边界条件

在上文中已对施加固支边界条件及对称边界条件的区域创建了集合,在此可直接定义部件的边界条件。单击工具区中的"创建边界条件"按钮 ,弹出"创建边界条件"对话框,在"名称"文本框中输入"BC-Fix",设置"分析步"为"Initial"(初始步)、"可用于所选分析步的类型"为"对称/反对称/完全固定",如图 10-27 所示,单击"继续"按钮 继续 。在提示区单击"集"按钮 集 ,弹出"区域选择"对话框,选择"Set-Fix"集合,如图 10-28 所示,单击"继续"按钮 继续 。弹出"编辑边界条件"对话框,选中"完全固定(U1=U2=U3=UR1=UR2=UR3=0)"单选按钮,如图 10-29 所示,单击"确定"按钮 确定 。

图 10-26 定义 Set-Fix 集合

图 10-27 "创建边界条件"对话框

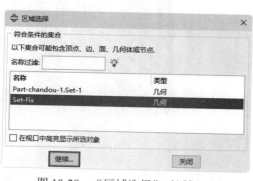

图 10-28 "区域选择"对话框

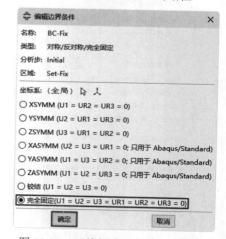

图 10-29 "编辑边界条件"对话框

10.2.9 提交分析作业

(1)在"模块"下拉列表框中选择"作业"选项,单击工具区中的"作业管理器"按钮 ,弹出"作业管理器"对话框,单击"创建"按钮 创建 ,弹出"创建作业"对话框,设置"名称"为"Job-chandou",如图 10-30 所示,单击"继续"按钮 继续 。弹出"编辑作业"对话框,保持各项默认值不变,单击"确定"按钮 确定 。

(2)此时新创建的作业显示在"作业管理器"对话框中,如图 10-31 所示。单击工具栏中的"保存模型数据库"按钮■，保存所创建的模型，然后单击"提交"按钮　提交　，提交分析作业。

图 10-30　"创建作业"对话框

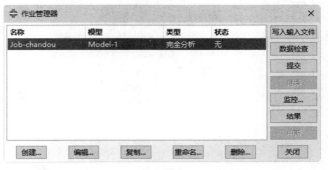

图 10-31　"作业管理器"对话框

（3）单击"监控"按钮　监控…　，打开"Job-chandou 监控器"对话框，可以通过该对话框查看分析过程中的警告信息。分析完成后，单击"结果"按钮　结果　，进入"可视化"模块。

10.2.10　后处理

如上所述，在"作业"模块中完成分析计算后直接进入"可视化"模块进行后处理。

1. 显示变形图

单击工具区中的"在变形图上绘制云图"按钮●，此时软件会显示部件的位移云纹图，如图 10-32 所示。

2. 显示部件各阶模态的振型图

执行菜单栏中的"结果"→"场输出"命令，弹出"场输出"对话框，单击"分析步/帧"按钮●，弹出"分析步/帧"对话框，如图 10-33 所示，选中"帧"列表中的各行数据，单击"应用"按钮　应用　，在视图区显示出部件相应模态的振型，这里给出 4 组振型，如图 10-34 所示。

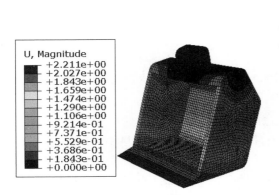

图 10-32　位移云纹图

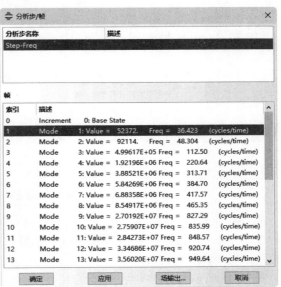

图 10-33　"分析步/帧"对话框

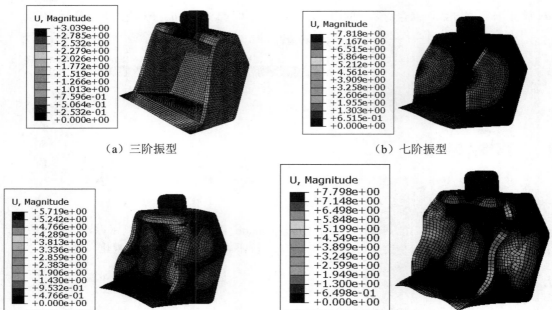

（a）三阶振型　　　　　　　　　　　　（b）七阶振型

（c）二十二阶振型　　　　　　　　　　　（d）三十阶振型

图 10-34　部件的各阶振型

3. 查看模型的 DAT 文件

重新进入"作业"模块，单击"作业管理器"按钮▤，在弹出的"作业管理器"对话框中单击"监控"按钮 监控… ，进入"Job-chandou 监控器"对话框，如图 10-35 所示，选择"数据文件"选项卡查看模型的 DAT 文件。

图 10-35　"Job-chandou 监控器"对话框

在 DAT 文件中，可以看到部件的总质量为 0.5641211 吨，如图 10-36 所示。

在该文件中，还可以在 EIGENVALUE 标题下查看部件各振型的频率，如图 10-37 所示，部件的三十阶振型频率为 1935.3 Hz。

图 10-38 所示为各阶振型在各个自由度上所激活的质量，即有效质量。例如在 X 方向上具有显著质量的最低阶振型是一阶。

```
┌─────────────────────────────┐
│ TOTAL MASS OF MODEL         │
│  0.5641211                  │
└─────────────────────────────┘

LOCATION OF THE CENTER OF MASS OF THE MODEL

   271.2792            376.6670          350.0000


MOMENTS OF INERTIA ABOUT THE ORIGIN
       I(XX)                 I(YY)              I(ZZ)

   219782.6            157404.3          177329.9
```

图 10-36　部件的总质量

MODE NO	EIGENVALUE	FREQUENCY (RAD/TIME)	(CYCLES/TIME)	GENERALIZED MASS	COMPOSITE MODAL DAMPING
1	52372.	228.85	36.423	1.0000	0.0000
2	92114.	303.50	48.304	1.0000	0.0000
3	4.99617E+05	706.84	112.50	1.0000	0.0000
4	1.92196E+06	1386.3	220.64	1.0000	0.0000
5	3.88521E+06	1971.1	313.71	1.0000	0.0000
6	5.84269E+06	2417.2	384.70	1.0000	0.0000
7	6.88358E+06	2623.7	417.57	1.0000	0.0000
8	8.54917E+06	2923.9	465.35	1.0000	0.0000
9	2.70192E+07	5198.0	827.29	1.0000	0.0000
10	2.75907E+07	5252.7	835.99	1.0000	0.0000
11	2.84273E+07	5331.7	848.57	1.0000	0.0000
12	3.34686E+07	5785.2	920.74	1.0000	0.0000
13	3.56020E+07	5966.7	949.64	1.0000	0.0000
14	4.27855E+07	6541.1	1041.0	1.0000	0.0000
15	4.62682E+07	6802.1	1082.6	1.0000	0.0000
16	5.81117E+07	7623.1	1213.3	1.0000	0.0000
17	6.76535E+07	8225.2	1309.1	1.0000	0.0000
18	7.13868E+07	8449.1	1344.7	1.0000	0.0000
19	8.42403E+07	9178.3	1460.8	1.0000	0.0000
20	8.52549E+07	9233.4	1469.5	1.0000	0.0000
21	9.39204E+07	9691.3	1542.4	1.0000	0.0000
22	9.83082E+07	9915.0	1578.0	1.0000	0.0000
23	1.04330E+08	10214.	1625.6	1.0000	0.0000
24	1.14346E+08	10693.	1701.9	1.0000	0.0000
25	1.19306E+08	10923.	1738.4	1.0000	0.0000
26	1.26573E+08	11250.	1790.6	1.0000	0.0000
27	1.32493E+08	11511.	1832.0	1.0000	0.0000
28	1.39961E+08	11831.	1882.9	1.0000	0.0000
29	1.42193E+08	11924.	1897.8	1.0000	0.0000
30	1.47870E+08	12160.	1935.3	1.0000	0.0000

图 10-37　各阶振型的频率

E F F E C T I V E   M A S S

MODE NO	X-COMPONENT	Y-COMPONENT	Z-COMPONENT	X-ROTATION	Y-ROTATION	Z-ROTATION
1	0.33487	2.55490E-02	7.34466E-09	3127.1	40994.	1132.5
2	2.78769E-09	4.49020E-09	0.31505	2857.2	13766.	9.21780E-04
3	3.20168E-08	4.47572E-08	3.84240E-02	2477.6	57837.	6.91509E-03
4	2.87012E-03	0.41757	2.85163E-08	51183.	347.30	23265.
5	4.27621E-11	2.20434E-04	4.06163E-02	47320.	15180.	3.50308E-05
6	1.05990E-02	4.78947E-02	6.04484E-09	5853.1	1298.6	12534.
7	2.03081E-08	4.61699E-08	1.46261E-02	9231.6	149.81	2.05625E-02
8	1.41157E-02	1.01954E-02	1.05709E-09	1245.9	1729.0	12641.
9	8.20006E-02	3.06290E-03	9.96138E-09	371.92	10045.	53567.
10	4.05256E-07	1.68476E-08	1.14647E-02	6290.3	57.683	0.26657
11	1.74200E-02	1.37288E-03	1.77834E-08	165.47	2134.7	12102.
12	6.22575E-03	5.58272E-04	2.50550E-10	68.544	762.72	3075.9
13	5.66080E-08	1.61083E-10	4.47138E-04	290.86	18.965	3.29154E-02
14	1.60917E-02	4.76831E-04	1.26288E-07	54.324	1967.5	9307.2
15	8.64121E-08	5.45807E-09	2.32043E-02	13560.	280.76	4.99593E-02
16	8.05062E-03	2.19394E-06	4.64896E-09	0.21954	985.86	4334.0
17	1.05071E-09	8.49122E-13	5.82596E-02	31419.	450.64	3.62143E-04
18	1.75680E-02	3.83931E-03	2.29330E-08	465.32	2153.4	11919.
19	1.33021E-07	3.77853E-07	2.67009E-05	20.709	0.71162	0.13211
20	2.23204E-04	1.06718E-03	8.57729E-09	132.70	27.556	253.69
21	1.61698E-08	6.79791E-09	2.99621E-05	36.845	6.4317	6.87771E-03
22	7.51286E-03	9.64317E-04	3.69928E-09	119.12	920.95	3283.5
23	8.44843E-04	2.27575E-04	9.11889E-09	27.148	103.41	506.48
24	1.08081E-09	6.05375E-10	4.75730E-03	2707.2	23.681	2.60035E-04
25	3.45468E-09	1.39397E-08	1.60813E-03	1038.5	0.11331	2.05089E-03
26	2.79439E-06	8.18173E-04	3.74047E-08	98.121	0.40002	8.9190
27	2.20369E-12	3.16138E-08	1.08749E-06	5215.8	142.54	4.45119E-05
28	1.10242E-03	9.44394E-04	2.16484E-07	108.78	135.95	1236.9
29	2.18412E-07	3.91751E-08	1.69734E-03	823.49	7.0215	0.18756
30	1.13023E-03	9.58270E-04	1.66339E-08	119.33	138.19	827.73
TOTAL	0.52063	0.51550	0.52109	1.86429E+05	1.51667E+05	1.49995E+05

图 10-38　有效质量

在使用振型叠加法分析线性动态问题时，要保证在频率提取分析步中提取足够数量的模态，其判断标准是在主要运动方向上的总有效质量要超过模型中可运动质量的90%。在本例中，X方向的总有效质量是0.52063，可运动质量为0.5641211，前者占后者的比例是0.52063/0.5641211=92.3%。因此本例提取三十阶振型是足够的。

根据上述结果，下一步要对部件进行瞬时模态的动态分析。这里将利用 ABAQUS 中的重启动功能，在一个新的分析中继续前一个模拟分析的载荷历史，而无须重复整个分析和增加所施加的轴向载荷。

10.3　实例——重启动分析

10.3.1　重启动分析方法概述

对于复杂的工程应用问题，在实际分析计算中没有必要将多步骤模拟定义在单一作业中。实际上，一般理想的情况是分阶段运行一个复杂的模拟。这样，在继续下一个分析阶段之前，允许用户去检验结果，并确认分析是否正在按照预料的情况进行。ABAQUS 的重启动分析功能允许重新启动一个模拟，并计算模型关于新增载荷历史的响应。

1. 重启动文件和状态文件

ABAQUS/Standard 的重启动文件（.res）和 ABAQUS/Explicit 的状态文件（.abq）包含了继续进行前面的分析所必须的信息。在 ABAQUS/Explicit 中，为了重启动一个分析也要用到打包文件（.pac）和选择结果文件（.sel），在第一个作业完成后必须保存这两个文件。此外，这两个产品需要输出数据库文件（.odb）。

对于大型模型，重启动文件可能会很大，当需要重启动数据时，默认情况下每个增量步或者间隔都会将数据写入重启动文件中。因此，控制重启动数据写入的频率是非常重要的。有时在一个分析步中允许覆盖写入重启动文件中的数据是很有用的，这意味着每个分析步在分析结束时仅有一组重启动数据，它对应于每个分析步结束时的模型状态。如果由于某种原因中断了分析的过程，分析可以从最后一次写入重启动数据的地方继续进行。

2. 重启动分析

当利用前面分析的结果重新启动一个模拟时，在模拟的载荷历史中要指定一个特殊点，作为重新启动分析的触发位置。在重启动分析中应用的模型必须与在原始分析中到达重启动时刻所用的模型一致，要注意以下几点。

☑ 重启动分析的模型不能修改或增加任何已经在原始分析模型中定义过的网格、几何体、材料、梁截面轮廓、截面、材料方向、梁截面方向、相互作用性质或者约束。
☑ 不能修改在重启动位置当时或者之前的任何分析步、载荷、边界条件、场或者相互作用。
☑ 在重启动分析模型中可以定义新的集合和幅值曲线。

1）继续增加新的分析步

如果前一个分析已经顺利完成，而且观察了结果，希望在载荷历史中增加新的分析步，那么指定的分析步和增量步必须是前面分析中的最后分析步和最后增量步。

2）继续被中断的作业

重启动分析可以直接从前面分析的指定分析步和增量步中继续进行。如果给定的分析步和增量步并没有对应于前面分析的结束位置（如分析由于计算机故障而中断），在进行任何新的分析步之前，

ABAQUS 将试图完成这个原始的分析步。

　　在 ABAQUS/Explicit 中进行的某些重启动分析是简单地继续一个长的分析步（如由于作业超过了时间限制而中止），通过使用命令行中的 recover 命令，可以重新分析这个作业，如下所示。

```
abaqus job=jobname recover
```

　　3）改变分析

　　有时已经观察了前面分析的结果，可能希望从一个中间点重启动分析，并以某种方式改变余下的载荷历史，例如，增加更多的输出要求、改变载荷或者调整分析控制。如果由于超过了增量步的最大数目而重新启动一个分析，ABAQUS/Standard 认为该分析是整个分析步的一部分，会试图完成该分析步，并立刻再一次超出增量步的最大数目。

　　在这种情形下，应该设置在指定的分析步和增量步中止当前的分析步，然后模拟用一个新的分析步继续。例如，如果一个分析步仅允许最多 40 个增量步，它少于完成这个分析步所需的增量步数目，则需要在整个分析步中定义一个新的分析步，它包括施加的载荷和边界条件。新的分析步与原始分析步中运算的规定相同，可作如下修改。

　　☑　　增加增量步的数目。新分析步的总体时间应该是原分析步的总体时间减去完成第一次运算分析的时间。例如，如果分析步的时间原来指定为 200 s，而在 20 s 的分析步时间内完成了分析，那么在重启动分析中的分析步时间应该为 180 s。

　　☑　　任何指定以分析步的时间形式定义的幅值（amplitude）需要重新定义，以反映分析步新的时间尺度。以总体时间形式定义的幅值无须改变，应用上文给出的修改。在一般分析步中，由于任何载荷的量值或给定的边界条件总是总体量值，所以它们保持不变。

10.3.2　创建重启动分析模型

　　为了演示如何重新启动一个分析，以 10.2 节"实例——铲斗系统的振动分析"为例重新启动模拟，增加一个新的载荷历史分析步。

　　打开模型数据库文件"chandou.cae"，在菜单栏中执行"模型"→"复制模型"→"Model-1"命令，弹出"复制模型"对话框，在"复制 Model-1 到"文本框中输入"Res_chandou"，如图 10-39 所示，单击"确定"按钮 ▣ 。下面讨论对该模型的修改。

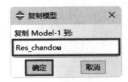

图 10-39　"复制模型"对话框

10.3.3　模型属性

　　为应用前面分析的数据进行重启动分析，首先必须要改变模型的属性。在菜单栏中执行"模型"→"编辑属性"→"Res_chandou"命令，弹出"编辑模型属性"对话框，在"从下列作业中读取数据"文本框中输入"Job-chandou"，即重启动分析将从"chandou"作业中读取数据，在"分析步名称"文本框中输入"Step-Freq"，即重启动的分析起始点位于分析步"Step-Freq"的结束处，如图 10-40 所示，单击"确定"按钮 ▣ 。

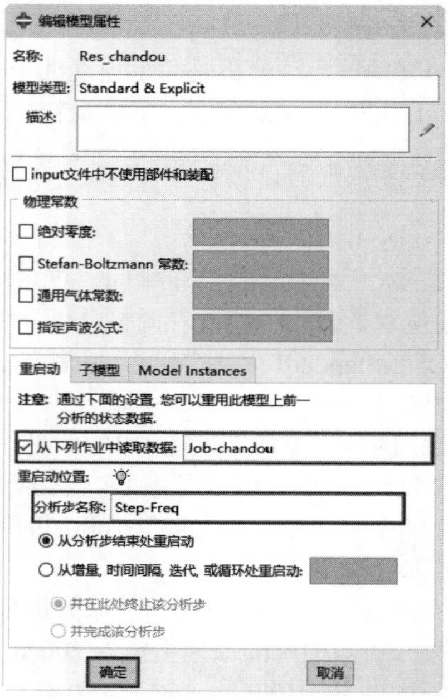

图 10-40　"编辑模型属性"对话框

10.3.4　设置分析步

1．创建分析步

选择"模块"下拉列表中的"分析步"选项，进入分析步编辑界面，单击工具区中的"创建分析步"按钮 ●→■，打开"创建分析步"对话框，创建一个新的分析步。默认分析步名称为"Step-2"，将其插入分析步"Step-Freq"之后，设置"程序类型"为"线性摄动"，并在下方列表中选择"模态动力学"选项，如图 10-41 所示，单击"继续"按钮 继续... 。弹出"编辑分析步"对话框，在"时间长度"文本框中输入"1"，在"时间增量"文本框中输入"0.001"，如图 10-42（a）所示。选择"阻尼"选项卡，选择左侧栏中的"Rayleigh"选项卡，选中"使用 Rayleigh 阻尼数据"复选框，在下方的数据表中依次输入"1""30""3""0"，如图 10-42（b）所示，单击"确定"按钮 确定 。

图 10-41　"创建分析步"对话框

（a）"基本信息"选项卡

（b）"阻尼"选项卡

图 10-42 "编辑分析步"对话框

2. 设置场变量输出结果

（1）单击工具区中的"场输出管理器"按钮，在弹出的"场输出请求管理器"对话框中可以看到，ABAQUS/CAE 已经自动创建了一个名为"F-Output-2"的场变量输出控制，它在分析步"Step-2"中开始起作用，如图 10-43 所示。

（2）在"场输出请求管理器"对话框中选择"F-Output-2"中的"Step-2"下面的"已创建"选项，单击"编辑"按钮，在弹出的"编辑场输出请求"对话框中选中"应力"复选框，然后展开"应力"列表，在下一级选项中选择"S，应力分量和不变量"选项，使用同样的方法，在"位移/速度/加速度"列表中选择"U，平移和转动"选项。这样，分析过程中将只输出 4 种场变量：应力结果"S"、位移结果"U"、速度"V"及加速度"A"，如图 10-44 所示，单击"确定"按钮，再单击"关闭"按钮。

图 10-43 "场输出请求管理器"对话框

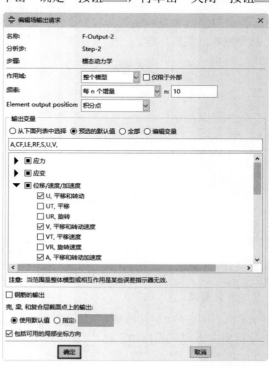

图 10-44 "编辑场输出请求"对话框

ABAZUS 2022 中文版有限元分析从入门到精通

视频演示

10.3.5　定义载荷

1．创建载荷面集合

在"模块"下拉列表框中选择"载荷"选项，进入载荷编辑界面。执行菜单栏中的"工具"→"表面"→"管理器"命令，弹出"表面管理器"对话框，单击"创建"按钮 创建...，弹出"创建表面"对话框，在"名称"文本框中输入"Surf-L"，如图10-45所示，单击"继续"按钮 继续...，选中如图10-46所示的端面，在视图区单击鼠标中键确认，Surf-L集合建立完毕。

图10-45　"创建表面"对话框　　　　图10-46　创建Surf-L集合

2．定义载荷幅值

执行菜单栏中的"工具"→"幅值"→"管理器"命令，弹出"幅值管理器"对话框，单击"创建"按钮 创建...，弹出"创建幅值"对话框，默认名称为"Amp-1"，"类型"为"表"，如图10-47所示，单击"继续"按钮 继续...。弹出"编辑幅值"对话框，在"平滑"选项组中选中"指定"单选按钮，并在其后的文本框中输入"0.25"，在"幅值数据"选项卡中输入如图10-48所示的数据，单击"确定"按钮 确定，完成创建。

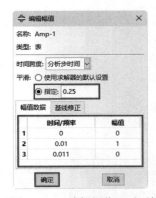

图10-47　"创建幅值"对话框　　　　图10-48　"编辑幅值"对话框

3．定义载荷

单击工具区中的"创建载荷"按钮⬐，弹出"创建载荷"对话框，在"名称"文本框中输入"Load-L"，在"分析步"下拉列表框中选择"Step-2"选项，设置"可用于所选分析步的类型"为"表面载荷"，如图10-49所示，单击"继续"按钮 继续...。在提示区单击"表面"按钮 表面...，弹出"区域选择"对话框，选择"Surf-L"选项，如图10-50所示，单击"继续"按钮 继续...。弹出"编辑载荷"对话框，单

击"投影前的向量"后面的"编辑"按钮，定义施加力的方向。首先在提示区中输入第一点坐标（-125,-25,0），在视图区中单击鼠标中键确认；再输入第二点坐标（0,50,0），再单击鼠标中键；再次弹出"编辑载荷"对话框，在"大小"文本框中输入"100"，在"幅值"下拉列表框中选择"Amp-1"选项，如图 10-51 所示，单击"确定"按钮 确定 。

图 10-49　"创建载荷"对话框

图 10-50　"区域选择"对话框

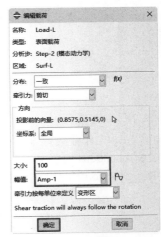

图 10-51　"编辑载荷"对话框

10.3.6　提交分析作业

（1）在"模块"下拉列表框中选择"作业"选项，单击工具区中的"作业管理器"按钮，弹出"作业管理器"对话框，单击"创建"按钮 创建... ，弹出"创建作业"对话框，创建名为"Res_chandou"的分析作业，并在下方的列表中选择"Res_chandou"选项，如图 10-52 所示，单击"继续"按钮 继续... 。弹出"编辑作业"对话框，此时"作业类型"选项组中已默认选中"重启动"单选按钮，保持其余默认值不变，如图 10-53 所示，单击"确定"按钮 确定 。

视频演示

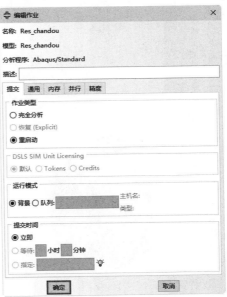

图 10-52　"创建作业"对话框

图 10-53　"编辑作业"对话框

（2）此时新创建的重启动作业已显示在"作业管理器"对话框中，如图 10-54 所示。单击工具栏中的"保存模型数据库"按钮 ▤，保存所创建的模型，然后单击"提交"按钮 提交 ，提交分析作业。

图 10-54　"作业管理器"对话框

（3）在作业运行过程中可以单击"作业管理器"对话框中的"监控"按钮 监控... ，在弹出的"Res_chandou 监控器"对话框中可以查看作业的运行状态，如图 10-55 所示，重启动作业"Res_chandou"跳过了分析步 1，直接从分析步 2 开始运算。

图 10-55　"Res_chandou 监控器"对话框

10.3.7　后处理

图 10-56 所示为部件完成分析步"Step-2"的分析后，其 Mises 应力云纹图、位移云纹图、速度云纹图及加速度云纹图。

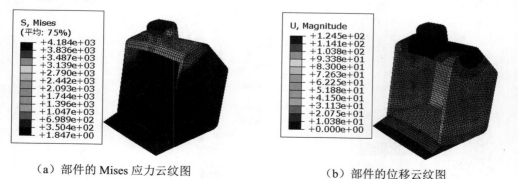

（a）部件的 Mises 应力云纹图　　　　　　　　（b）部件的位移云纹图

图 10-56　部件各状态云纹图

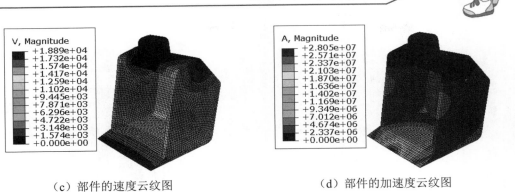

（c）部件的速度云纹图　　　　　　　　（d）部件的加速度云纹图

图 10-56　部件各状态云纹图（续）

10.4　本章小结

　　本章重点介绍了多步骤分析的有关过程与理论，并以"铲斗系统的振动分析"为例，给出了应用多步骤分析思想进行重启动分析的一般步骤。通过理论讲解与仿真实例应用，读者在进行多步骤分析过程中应着重注意以下问题。

　　（1）在应用 ABAQUS 进行仿真模拟的过程中，可以包含多个分析步。

　　（2）同一个分析作业中，显式分析与隐式分析不能同时存在。

　　（3）每一个一般分析步的开始状态是前一个一般分析步的结束状态。

　　（4）只有保存了重启动文件，软件才可以进行重启动分析。对于显式分析，系统将自动保存重启动文件；而对于隐式分析，通常需要用户在设置分析步的过程中自行设置。

第11章

用户子程序

本章将着重讲解 ABAQUS 的显式模块材料子程序 VUMAT，并介绍如何使用 FORTRTAN 语言编写 JC 模型的接口程序。

工程问题一般具有多样性的特点，而用户也通常具有不同的专业背景和学科方向，通用有限元软件难免在具体的专业领域有所欠缺。针对这些不足，ABAQUS 提供了二次开发功能，即用户子程序接口（user subroutines）和应用程序接口（utility routines），这使得用户在解决一些问题时有很大的灵活性，同时大大地扩充了 ABAQUS 的功能。

☑ 了解 ABAQUS 用户子程序的概念及 VUMAT 子程序的开发思路。

☑ 初步掌握 ABAQUS 调用及编写方法。

任务驱动&项目案例

11.1 用户子程序简介

ABAQUS 功能虽然强大，但 ABAQUS 材料库中所提供的本构模型种类有限，依然无法满足实际工程中的应用。ABAQUS 给用户提供了若干用户子程序接口，与命令行形式的程序格式相比，用户子程序的限制少得多，功能非常强大，并且更加灵活方便。ABAQUS 用户可以利用用户子程序 VUMAT 接口自定义材料的本构模型和有限元分析算法。

用户子程序具有以下功能和特点：ABAQUS 的一些固有选项模型功能有限，用户子程序可以加强 ABAQUS 中这些选项的功能；它可以以几种不同的方式包含在模型中；由于它们没有存储在重启动文件中，因此可以在重新开始运行时修改它；在某些情况下它可以利用 ABAQUS 允许的已有程序；通常用户子程序是用 FORTRAN 语言编写的。

用户子程序 VUMAT 适用于 ABAQUS/Explicit，有如下功能和特点：用来定义材料的力学本构关系；可以被用户子程序已定义的材料计算点调用；能够储存和更新结果所依赖的状态变量；可以使用任何传入的场变量；能被用于绝热分析中。

在用户子程序 VUMAT 中，满足用户所定义的失效准则的材料点可以从模型中删除。当用户给结果依赖状态变量分配空间时，可以指定控制单元删除的状态变量。VUMAT 中删除状态变量被赋予 1 或 0，1 表示材料点是激活的，0 则表示 ABAQUS/Explicit 将通过设定应力为 0 来删除材料点。一旦一个材料点被标记为删除，该材料点将不能够被再次激活。

用户子程序 VUMAT 主要由以下几部分组成：子程序初始变量的定义，调用 ABAQUS 外部材料参数、应力应变等参数更新主体程序，子程序结束语句。

11.2 用户子程序 VUMAT 接口及调试

ABAQUS 有限元分析软件允许用户通过编写子程序的形式来扩展主程序的功能，给用户提供了强大而又灵活的用户子程序接口。ABAQUS 的用户子程序是一个独立的程序单元，能独立地存储和编译，也能被其他程序单元引用。因此，子程序可带回大量数据供应用程序使用，亦可以用来完成各种特殊的功能。

11.2.1 用户子程序 VUMAT 接口界面

在 ABAQUS/Explicit 中提供了开放型接口 VUMAT 供用户定义所需的材料本构模型。其接口界面如下：

```
subroutine vumat(
C Read only (unmodifiable) variables -
    1 nblock, ndir, nshr, nstatev, nfieldv, nprops, lanneal,
    2 stepTime, totalTime, dt, cmname, coordMp, charLength,
    3 props, density, strainInc, relSpinInc,
    4 tempOld, stretchOld, defgradOld, fieldOld,
    5 stressOld, stateOld, enerInternOld, enerInelasOld,
```

```
      6 tempNew, stretchNew, defgradNew, fieldNew,
C Write only (modifiable) variables -
      7 stressNew, stateNew, enerInternNew, enerInelasNew )
C
      include 'vaba_param.inc'
C
      dimension props(nprops), density(nblock), coordMp(nblock,*),
     1 charLength(nblock), strainInc(nblock,ndir+nshr),
     2 relSpinInc(nblock,nshr), tempOld(nblock),
     3 stretchOld(nblock,ndir+nshr),
     4 defgradOld(nblock,ndir+nshr+nshr),
     5 fieldOld(nblock,nfieldv), stressOld(nblock,ndir+nshr),
     6 stateOld(nblock,nstatev), enerInternOld(nblock),
     7 enerInelasOld(nblock), tempNew(nblock),
     8 stretchNew(nblock,ndir+nshr),
     8 defgradNew(nblock,ndir+nshr+nshr),
     9 fieldNew(nblock,nfieldv),
     1 stressNew(nblock,ndir+nshr), stateNew(nblock,nstatev),
     2 enerInternNew(nblock), enerInelasNew(nblock),
C
      character*80 cmname
C
      do 100 km = 1,nblock
        user coding
  100 continue
      return
      end
```

11.2.2　用户子程序 VUMAT 的主要参数

（1）主程序向子程序传递数据的一维变量。

☑ nblock：调用 VUMAT 的材料点个数。

☑ ndir：对称张量如应力、应变张量中直接分量的个数。

☑ nshr：对称张量如应力、应变张量中剪切分量的个数。

☑ nstatev：用户定义的状态变量的个数。

☑ nprops：用户定义的材料常数的个数。

☑ cmname：存储关键字*MATERIAL 中定义的材料名（需大写）。

☑ stepTime：单个分析步所用的时间。

☑ totalTime：所有分析步总共用的时间。

☑ dt：时间增量步长。

（2）主程序向子程序传递数据的变量数组。

☑ props：用于存放用户定义的材料属性的数组，数组的长度为 nprops。

☑ density：用于存放关键字*DENSITY 中定义的材料点当前密度，数组的长度为 nblock。

☑ strainInc：用于存放材料点处单个增量步的应变增量张量，其中元素的存放顺序为 $\Delta\varepsilon_{11}\rightarrow$

$\Delta\varepsilon_{22} \to \Delta\varepsilon_{33} \to \Delta\varepsilon_{12} \to \Delta\varepsilon_{23} \to \Delta\varepsilon_{31}$。

☑ defgradOld/defgradNew：用于存放增量步开始/结束时材料点处的变形梯度，其中元素的存放顺序为 $F_{11} \to F_{22} \to F_{33} \to F_{12} \to F_{23} \to F_{31} \to F_{21} \to F_{32} \to F_{13}$。

☑ stretchNew/stretchOld：用于存放增量步开始/结束时材料点处的拉伸张量，其中元素的存放顺序为 $U_{11} \to U_{22} \to U_{33} \to U_{12} \to U_{23} \to U_{31}$。

☑ stressOld：用于存放增量步开始时材料点处的应力值，其中元素的存放顺序为 $\sigma_{11} \to \sigma_{22} \to \sigma_{33} \to \sigma_{12} \to \sigma_{23} \to \sigma_{31}$。

☑ stateOld：用于存放用户定义的状态变量在增量步开始时的初始值。

（3）子程序计算向主程序传递数据的变量数组。

☑ stressNew：用于存放增量步结束时材料点处的应力值，传递到主程序中并将其赋给 stressOld 作为下一个增量步开始时的初始值。

☑ stateNew：用于存放用户定义的状态变量在增量步结束时的更新值，传递主程序并将其赋给 stateOld 作为下一个增量步开始时的初始值。

11.2.3　用户子程序 VUMAT 的调试与提交方法

在子程序的调试过程中，通常利用单个单元模型来进行检验，因为它计算量小，输出信息少，便于检查和发现问题，节省调试计算时间。为了提高子程序调试的效率，可以人为给定子程序中需要主程序传递的数据，屏蔽掉 "include 'vaba.param.inc'" 语句，直接在 Fortran 软件中调试，从而方便地找出明显的语法和计算错误。调试完成后将子程序嵌入 ABAQUS 单个单元模型进行测试计算，为了发现计算过程中子程序的错误，可以用简单的打开文件和写入语句来输出分析过程中一些变量的值，如下所示：

```
    open(unit=101, file='D:\D0.dat', status='new',acess='sequential', form=
'formatted')
    write(101,100)((bbb(m,n),n=1,3), m=1,3)
    100 format(1x,d15.6)
```

这样就可以将变量 bbb 的值输出到文件 D0.dat 中，注意打开的设备号（unit 值）最好大于 100，因为前 100 个设备号往往被 ABAQUS 占用。另外，unit=6 指向 ABAQUS 输出的 STA 文件，所以，也可以不打开新的文件，而是直接将变量值输出到 STA 文件中。

子程序的调用方法有以下几种，但必须在 ABAQUS 的输入文件（INP 文件）的 **MATERIAL 模块中使用 *USER MATERIAL 选项。

（1）在 ABAQUS/Command 中提交任务。若用户子程序以文件 subroutine.for 存放，模型输入文件为 model.inp，则可在 ABAQUS/Command 中使用 user 选项，如下所示：

```
abaqus job=model user=subroutine
```

在使用此方法时，subroutine.for 与 model.inp 必须存放在同一目录下，在 ABAQUS/Command 进入该目录后使用上述命令。

（2）在 ABAQUS/CAE 中执行"作业"→"作业管理器"→"编辑作业"→"通用"→"选取"命令，在打开对话框中选择子程序提交任务。

（3）直接在 model.inp 文件中写入子程序。

11.3　显式应力更新算法简介

在弹塑性有限元分析计算中，应力张量更新算法的选择是 VUMAT 子程序编写过程中的核心问题。传统弹塑性应力更新算法的求解是先依据广义 Hooke 定律计算总应力增量 $\Delta\sigma_{\text{trial}} = D_e : \Delta\varepsilon$，再计算试探应力 $\sigma_{\text{trial}}^{t+\Delta t} = \sigma_{\text{trial}}^{t} + \Delta\sigma_{\text{trial}}$，代入屈服准则判断材料点是否屈服。如果尚未屈服，则材料点仍处于弹性变形阶段，总应力即等于试探应力；若材料点已经进入塑性变形阶段，则应变增量由弹性部分和弹塑性部分组成，即 $\Delta\varepsilon = \Delta\varepsilon_e + \Delta\varepsilon_{ep}$。在此算法中，每一个增量步都必须首先对 $\Delta\varepsilon_{ep}$ 进行迭代更新，故计算量大、效率低，且在迭代计算过程中易积累计算误差，影响计算结果精度。因此，本节基于显式径向返回算法，采用显式的应力更新方法对 JC 硬化模型编写了 VUMAT 子程序。显式的应力更新算法如下。

（1）假设第 n 个增量步开始时刻 t 的所有值及时间步长内的应变增量已知。

假定材料处于弹性阶段，计算 $n+1$ 时刻偏应力的试探值 $^{n+1}s_{ij}^{\text{Trial}}$，即

$$^{n+1}s_{ij}^{\text{Trial}} = s_{ij}^n + 2G\Delta\varepsilon_{ij}^{\prime n+1} \tag{11-1}$$

式中，$\Delta\varepsilon_{ij}^{\prime}$ 为总偏应变增量，此时刻偏应力试探值的等效应力为

$$^{n+1}s_{eq}^{\text{Trial}} = \left(\frac{3}{2}s_{ij}^{\text{Trial}\_n+1}s_{ij}^{\text{Trial}\_n+1}\right)^{1/2} \tag{11-2}$$

（2）如果试探等效应力 s_{eq}^{n+1} 大于屈服应力 σ_y^{n+1}，Mises 屈服条件

$$F = (3/2 s_{ij}s_{ij})^{1/2} - \sigma_y \leqslant 0 \tag{11-3}$$

不满足，试探应力 s_{ij}^{Trial} 落在屈服面外。式中

$$\sigma_y = \left(A + B\varepsilon_{eq}^{pl^n}\right)$$
$$\left(1 + c\ln\left(\dot{\varepsilon}_{eq}^{pl}/\dot{\varepsilon}_0\right)\right)\left(1 - T^{*m}\right) \tag{11-4}$$

利用返回算法，将试探应力 s_{ij}^{Trial} 等比例缩小

$$s_{ij}^{n+1} = m \cdot s_{ij}^{\text{Trial}\_n+1} \tag{11-5}$$

使其回到屈服面上，式中

$$m = \frac{\sigma_y^{n+1}}{s_{eq}^{\text{Trial}\_n+1}} \tag{11-6}$$

将式（11-4）代入式（11-6）刚好使试探应力落在屈服面上，m 即为缩放因子。

（3）从总偏应变增量 $\Delta\varepsilon_{ij}^{\prime}$ 中减去弹性偏应变增量 $\left(s_{ij}^{n+1} - s_{ij}^n\right)/2G$ 得到塑性应变增量 $\Delta\varepsilon_{ij}^p$，即

$$\Delta\varepsilon_{ij}^p = \Delta\varepsilon_{ij}^{\prime} - \left(s_{ij}^{n+1} - s_{ij}^n\right)/2G \tag{11-7}$$

由式（11-1）可知

$$\Delta\varepsilon_{ij}^{\prime n+1} = \left(s_{ij}^{\text{Trial}\_n+1} - s_{ij}^n\right)/2G \tag{11-8}$$

所以式（11-7）、式（11-8）联立可以得到

$$\Delta \varepsilon_{ij}^p = \left(s_{ij}^{\text{Trial}\_n+1} - s_{ij}^{n+1} \right) / 2G \tag{11-9}$$

将式（11-5）代入式（11-9）可以得到

$$\Delta \varepsilon_{ij}^p = \frac{(1-m)}{2G} s_{ij}^{\text{Trial}\_n+1} = d\lambda s_{ij}^{\text{Trial}\_n+1} \tag{11-10}$$

式中

$$d\lambda = \frac{(1-m)}{2G} \tag{11-11}$$

利用式（11-3）、式（11-6）和式（11-10）可以得到等效塑性应变增量，即

$$\begin{aligned}
\Delta \varepsilon_{eq}^{pl} &= \left(\frac{2}{3} \Delta \varepsilon_{ij}^p \Delta \varepsilon_{ij}^p \right)^{1/2} \\
&= \left[\frac{2}{3} \left(\frac{1-m}{2G} \right)^2 \frac{2}{3} \left(s_{eq}^{\text{Trial}\_n+1} \right)^2 \right]^{1/2} \\
&= \frac{s_{eq}^{\text{Trial}\_n+1} - \sigma_y^{n+1}}{3G}
\end{aligned} \tag{11-12}$$

（4）将 $n+1$ 时刻的屈服应力（JC 模型）进行 Taylor 展开，即

$$\sigma_y^{n+1} \approx \sigma_y^n + \frac{\partial \sigma_y^n}{\partial \varepsilon^p} \Delta \varepsilon^p + \frac{\partial \sigma_y^n}{\partial \dot{\varepsilon}^p} \Delta \dot{\varepsilon}^p + \frac{\partial \sigma_y^n}{\partial T} \Delta T + \mathrm{L} \quad （略去高阶项） \tag{11-13}$$

式（11-12）和式（11-13）联立可得

$$\Delta \varepsilon^p = \frac{s_{eq}^{\text{Trial}\_n+1} - \sigma_y^n - \frac{\partial \sigma_y^n}{\partial \dot{\varepsilon}^p} \Delta \dot{\varepsilon}^p - \frac{\partial \sigma_y^n}{\partial T} \Delta T}{3G + \frac{\partial \sigma_y^n}{\partial \varepsilon^p}} \tag{11-14}$$

11.4　VUMAT 子程序的编写

ABAQUS 用户子程序 VUMAT 的接口提供了依赖于结果的状态变量，用于存储在计算时用户定义的需要不断更新的状态变量。实现材料本构模型的 VUMAT 子程序计算流程图和计算步骤如图 11-1 所示。

（1）从子程序接口读入本增量步的应变增量 $\Delta \varepsilon$、增量步开始时的应力张量 σ_t 和等效塑性应变 ε_{eq}^{pl}。

（2）计算试探应力 $\sigma_{\text{trail}}^{t+\Delta t}$。

（3）调用子程序，计算初始屈服应力 σ_y。

（4）将试探应力代入屈服准则，判断是否屈服。

（5）如果没有屈服，$\sigma_{new} = \sigma_{new}^{\text{trial}}$，转到步骤（8）。

（6）如果屈服，计算本增量步的塑性应变增量 $\Delta \varepsilon_{eq}^{pl}$，利用径向返回补偿算法更新本增量步结束时的应力。

（7）更新内能、消耗的无弹性能、等效塑性应变、各状态变量的值。

（8）结束，返回主程序。

Note

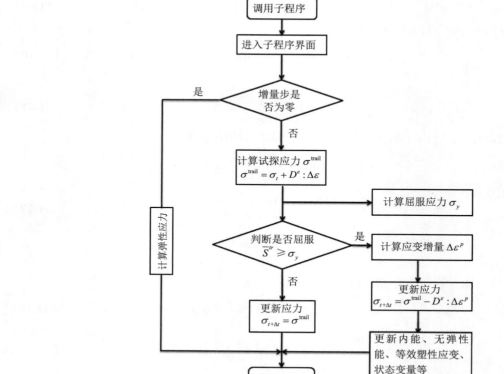

图 11-1　VUMAT 子程序计算流程图

11.5　实例——Taylor 杆撞击仿真分析

视 频 演 示

本实例分别采用本章给出的 JC 模型 VUMAT 子程序以及 ABAQUS 自带 JC 本构模型来进行 Taylor 杆撞击模拟。

11.5.1　创建部件

（1）单击工具区中的"创建部件"按钮，打开"创建部件"对话框，在"名称"文本框中输入"Taylor_bar"，如图 11-2 所示，然后单击"继续"按钮 继续… 。

（2）进入"部件"后，创建如图 11-3 所示的草图，草图中圆半径为 0.02 m；完成基圆后，将其沿 Z 轴方向拉伸 0.1 m，如图 11-4 所示；拉伸后建立的 Taylor 杆三维实体模型如图 11-5 所示。

图 11-2　"创建部件"对话框

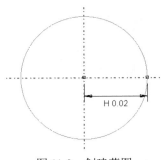

图 11-3 创建草图　　　　图 11-4 拉伸基面图　　　　图 11-5 Taylor 杆实体模型

11.5.2 划分网格

（1）进入"网格"模块，单击工具区中的"种子部件"
按钮，打开"全局种子"对话框，将"近似全局尺寸"设
置为"0.005"，如图 11-6 所示，单击"确定"按钮。

（2）单击工具区中的"指派网格控制属性"按钮，
打开"网格控制属性"对话框，设置"单元形状"为"六面
体"、"技术"为"扫掠"，如图 11-7 所示，单击"确定"按
钮。

（3）单击工具区中的"指派单元类型"按钮，打开
"单元类型"对话框，设置"单元库"为"Explicit"（显式）、

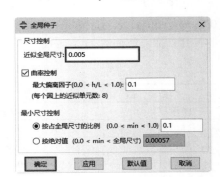

图 11-6 "全局种子"对话框

"几何阶次"为"线性"，其他选项保持默认值，此时的单元类型为 C3D8R，如图 11-8 所示，单击"确
定"按钮。

图 11-7 "网格控制属性"对话框

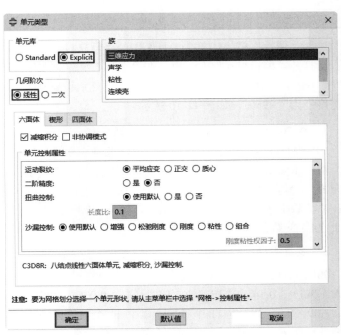

图 11-8 "单元类型"对话框

（4）单击工具区中的"为部件划分网格"按钮，在视图区单击鼠标中键，完成网格的划分，如图 11-9 所示。

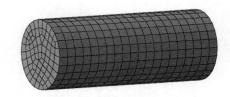

图 11-9　对部件划分网格

11.5.3　定义材料属性

本实例所选材料为某型黄铜，采用 JC 屈服模型，该模型中屈服应力是塑性应变、应变率以及温度的函数，公式如下：

$$\sigma_y = (A + B\varepsilon_p^n)(1 + C\ln(\dot{\varepsilon}/\dot{\varepsilon}_0))(1 - T^{*m}) \tag{11-15}$$

$$T^{*m} = (T - T_r)/(T_m - T_r) \tag{11-16}$$

式中，ε_p 为等效塑性应变；$\dot{\varepsilon}$ 为等效应变率；$\dot{\varepsilon}_0$ 为参考应变率；T 为温度；T_r 为室温；T_m 为融化温度；A、B、C、m 和 n 是常量。

其具体参数如表 11-1 所示。

表 11-1　某型铜材料 JC 硬化本构模型参数

项　　目	数　　据	项　　目		数　　据
密度（kg·m^{-3}）	8.96e^3	热处理	温度（K）	700
弹性模量（GPa）	124		加热时间（h）	1
泊松比	0.34	剪切模量（GPa）		46
A（MPa）	90	体积模量（GPa）		129
B（MPa）	292	比热		383
n	0.31	晶粒尺寸（mm）		0.06～0.09
m	1.09	热传导率（K）		386
T_r（℃）	25	硬度		F-30
T_m（℃）	1083	热扩散率		0.000113
膨胀系数	0.00005			

进入"属性"模块，单击工具区中的"创建材料"按钮，打开"编辑材料"对话框，在"名称"文本框中输入"jc_bar"，选择"通用"→"密度"选项。然后设置"质量密度"为"8960"，如图 11-10 所示。

1. 设置状态变量个数

如图 11-11 所示，选择"通用"→"非独立变量"选项，由于本实例中使用了 4 个状态变量，分别为"等效塑性应变""等效塑性应变率""屈服应力""温度"，因此在"依赖于解的状态变量的个数"微调框中输入大于或等于"4"的数值即可。

2. 设置用户材料参数

如图 11-12 所示，选择"通用"→"用户材料"选项，输入 124.E9、0.34、90.E6、292.E6、0.31、0.025、1083、25、1.09、0.9、383 等 11 个参数，以上 11 个数值分别代表弹性模量 E、泊松比 v、JC 模型参数 A、JC 模型参数 B、JC 模型参数 n、JC 模型参数 C、材料融化温度 T_m、室温 T_r、JC 模型参数 m、非弹性耗散能转热系数

图 11-10　设置材料属性

以及比热。在用户子程序中分别为 PROPS(1)、PROPS(2)…PROPS(11)。这里需要注意的是，连续输入十几个数据既不方便又容易出错，可如图 11-12 所示先随意输入一个数据，保留数据接口，随后在 INP 文件中进行相应修改，将编写好的 11 个参数粘贴进去即可，这样既快捷又不易出错。

图 11-11 设置状态变量个数

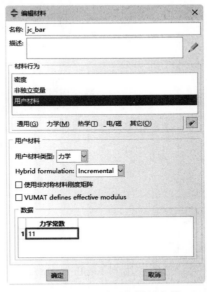

图 11-12 设置用户材料参数

完成设置材料属性后，单击"确定"按钮 确定 ，将该属性赋予 Taylor_bar 部件。

11.5.4 定义和指派截面属性

（1）单击工具区中的"创建截面"按钮，打开"创建截面"对话框，默认名称为"Section-1"，其他选项保持不变，如图 11-13 所示，单击"继续"按钮 继续... 。打开"编辑截面"对话框，保持各项默认值，如图 11-14 所示，单击"确定"按钮 确定 。

（2）单击工具区中的"指派截面"按钮，在视图区选择整个模型，单击提示区中的"完成"按钮 完成 （或在视图区单击鼠标中键），打开"编辑截面指派"对话框，在"截面"下拉列表框中选择"Section-1"选项，如图 11-15 所示，单击"确定"按钮 确定 。

图 11-13 "创建截面"对话框

图 11-14 "编辑截面"对话框

图 11-15 "编辑截面指派"对话框

11.5.5 定义装配

在"模块"下拉列表框中选择"装配"选项，执行菜单栏中的"实例"→"创建"命令，打开"创建实例"对话框，保持各项默认值，如图 11-16 所示，单击"确定"按钮 确定。

图 11-16   "创建实例"对话框

11.5.6   设置分析步

1. 创建分析步

由于 VUMAT 需要用到 Explicit 求解，在"模块"下拉列表框中选择"分析步"选项，进入分析步编辑界面。单击工具区中的"创建分析步"按钮 ●→▪，打开"创建分析步"对话框，在列表中选择"动力，显式"选项，如图 11-17 所示，单击"继续"按钮 继续...。打开"编辑分析步"对话框，在"时间长度"文本框中输入"0.001"，其他选项采用默认设置，如图 11-18 所示，单击"确定"按钮 确定，完成分析步的设定。

2. 设置场输出变量

仅输出应力 S、应变 E、速度 V、位移 U 和状态相关变量 SDV（solution dependent state variables）。在调用子程序进行计算时，SDV 是必选的场输出变量选项，只有选择该选项，才能看到子程序相应的状态变量的计算结果。

图 11-17   "创建分析步"对话框

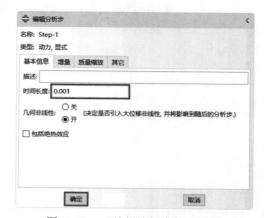

图 11-18   "编辑分析步"对话框

执行菜单栏中的"输出"→"场输出请求"→"编辑"→"F-Output-1"命令，打开"编辑场输出请求"对话框，分别选中"应力"列表中的"S"、"应变"列表中的"E"、"位移/速度/加速度"列表中的"U"和"V"、"状态/场/用户/时间"列表中的"SDV"复选框，在"间隔"文本框中输入"50"，如图 11-19 所示，单击"确定"按钮 确定 。

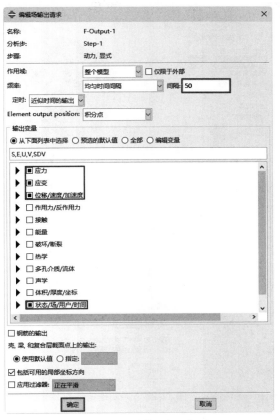

图 11-19　设置场输出变量

11.5.7　边界条件和载荷

1. 设置自由度

约束 Taylor 杆轴向的平动自由度，其他自由度不限制。

在"模块"下拉列表框中选择"载荷"选项，进入载荷编辑界面。单击工具区中的"创建边界条件"按钮 ，打开"创建边界条件"对话框，采用默认名称，设置"分析步"为"Initial"（初始步），在"可用于所选分析步的类型"中选择"位移/转角"选项，如图 11-20 所示，单击"继续"按钮 继续... 。选择如图 11-21 所示的约束面，在打开的"编辑边界条件"对话框中选中"U3"复选框，如图 11-22 所示，单击"确定"按钮 确定 。

2. 设置 Taylor 杆的初始速度

首先建立一个节点集 Set-2，所选节点为除 Z=0 平面外的所有节点。

执行菜单栏中的"工具"→"集"→"管理器"命令，打开"设置管理器"对话框，单击"创建"按钮 创建... ，打开"创建集"对话框，采用默认名称，选中"结点"单选按钮，如图 11-23 所示，单击"继续"按钮 继续... ，选择如图 11-24 所示的节点，在视图区单击鼠标中键确认。

视频演示

图 11-20　"创建边界条件"对话框

图 11-21　选择约束面

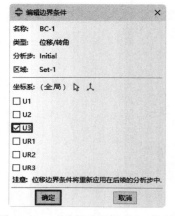

图 11-22　"编辑边界条件"对话框

图 11-23　"创建集"对话框

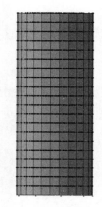

图 11-24　选择节点

3．设置场变量

单击工具区中的"创建预定义场"按钮，打开"创建预定义场"对话框，采用默认名称，设置"分析步"为"Initial"（初始步），在"类别"选项组中选中"力学"单选按钮，其他选项采用默认设置，如图 11-25 所示，单击"继续"按钮。在提示区中单击"集"按钮，打开"区域选择"对话框，选择"Set-2"选项，如图 11-26 所示，单击"继续"按钮。打开"编辑预定义场"对话框，在"V3"文本框中输入"-100"，如图 11-27 所示，单击"确定"按钮，结果如图 11-28 所示。

图 11-25　"创建预定义场"对话框

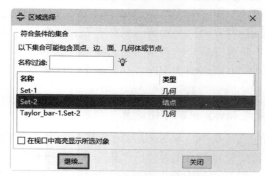

图 11-26　选择预定义场区域

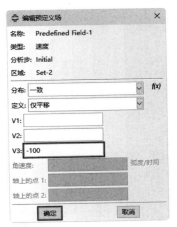

图 11-27　"编辑预定义场"对话框

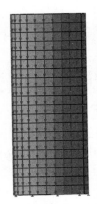

图 11-28　定义预定义后的部件

11.5.8　提交分析作业

1. 创建作业

在"模块"下拉列表框中选择"作业"选项，单击工具区中的"作业管理器"按钮 ，打开"作业管理器"对话框，单击"创建"按钮 创建... ，打开"创建作业"对话框，设置"名称"为"Taylor_bar_vumat"，如图 11-29 所示，单击"继续"按钮 继续... 。打开"编辑作业"对话框，保持各项默认值不变，单击"确定"按钮 确定 。在"作业管理器"对话框中单击"写入输入文件"按钮 写入输入文件 ，如图 11-30 所示。向工作目录中写入名为"Taylor_bar_vumat.inp"的 INP 文件。

图 11-29　"创建作业"对话框

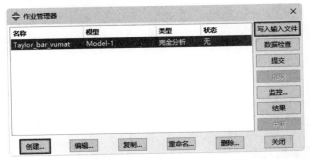

图 11-30　"作业管理器"对话框

用文本编辑工具打开 Taylor_bar_vumat.inp 文件，将文件中如下用户自定义材料参数段进行修改。
修改前如下：

```
*Material, name=jc_bar
*Density
8960.,
*Depvar
    4,
*User Material, constants=1
11,
```

修改后如下：

Note

```
*Material, name=jc_bar
*Density
8960.,
*Depvar
    4,
*User Material, constants=11
124.E9, 0.34, 90.E6, 292.E6, 0.31, 0.025, 1083, 25, 1.09, 0.9, 383
```

2. 利用 INP 文件提交任务

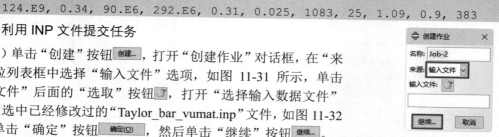

图 11-31　"创建作业"对话框

（1）单击"创建"按钮 创建... ，打开"创建作业"对话框，在"来源"下拉列表框中选择"输入文件"选项，如图 11-31 所示，单击"输入文件"后面的"选取"按钮 ，打开"选择输入数据文件"对话框，选中已经修改过的"Taylor_bar_vumat.inp"文件，如图 11-32 所示，单击"确定"按钮 确定(O) ，然后单击"继续"按钮 继续... 。

（2）打开"编辑作业"对话框，选择"通用"选项卡，单击"用户子程序文件"后的"选取"按钮 ，打开"选择用户子程序文件"对话框，找出需要调用的子程序，如本实例的子程序为"Taylor_bar.for"，如图 11-33 所示。需要注意的是，需要调用的子程序必须位于 ABAQUS 的工作目录中，否则会出现编译错误。完成以上设置后就可以提交任务进行计算。如果计算过程中提示子程序编译错误，则可以打开工作目录，利用 LOG 文件查找错误。

图 11-32　选择子程序

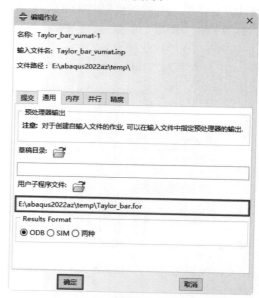

图 11-33　"编辑作业"对话框

单击工具栏中的"保存模型数据库"按钮 ，保存所创建的模型，然后单击"提交"按钮 提交 ，提交分析作业。单击"监控"按钮 监控... ，可查看分析过程中的警告信息，分析完成后，单击"结果"按钮 结果 ，进入"可视化"模块。

如图 11-34 所示，分别为 ABAQUS 自带 JC 模型及使用 VUMAT 子程序编写的 JC 模型的计算结果。从两者的变形云纹图可以看出，模拟的结果非常类似。

（3）单击工具区中的"创建 XY 数据"按钮 ，打开"创建 XY 数据"对话框，选中"ODB 场变量输出"单选按钮，如图 11-35 所示，单击"继续"按钮 继续... 。打开"来自 ODB 场输出的 XY 数据"对话框,在"变量"选项卡中选中"SDV1:依赖于解的状态变量"选项,选择"单元/结点"选项卡,设置"方法"为"单元标签",在右侧数据表的"单元编号"栏中输入"59",选中"高亮视口中的项目"复选框,如图 11-36 所示,高亮显示所建立模型的第 59 个单元。用户子程序结果如图 11-37 所示。

(a) ABAQUS 自带 JC 模型　　　　(b) 使用 VUMAT 子程序编写的 JC 模型

图 11-34　子程序计算结果

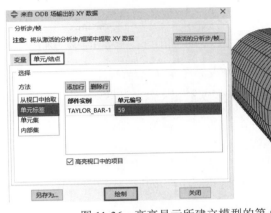

图 11-35　"创建 XY 数据"对话框　　　　图 11-36　高亮显示所建立模型的第 59 个单元

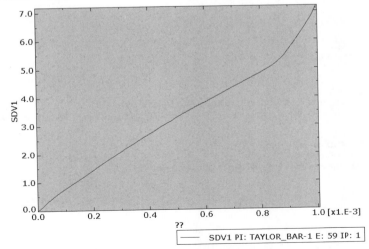

图 11-37　用户子程序结果

提取两次计算该单元的等效塑性应变，如图 11-38 所示，两条曲线几乎重合，用户子程序模拟结果与 ABAQUS 自身材料库中的 JC 本构模型的计算结果一致，验证了所编写的 VUMAT 用户子程序的准确性。

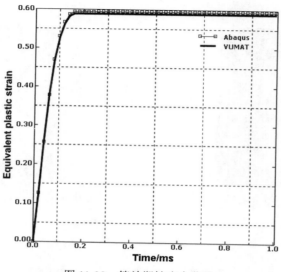

图 11-38　等效塑性应力曲线

提示： 如果计算过程中出现提示子程序编译终止，有可能是缺少编译环境的原因，解决方案如下。

（1）必须首先安装 Microsoft Visual Studio 2019，注意在安装时选择自定义部件，需要选中 C++选项。

（2）安装 Intel Parallel Studio XE 2020 Update 4。

（3）与 ABAQUS 关联。

❶ 在 ABAQUS 的安装目录中找到 "commands" 文件夹中的 "abq2022.bat" 文件，单击鼠标右键，在打开的快捷菜单中选择 "编辑" 命令，打开文件，添加下列语句，如图 11-39 所示，保存文件。

```
call" 上级目录路径地址 \Microsoft Visual Studio 2019\VC\Auxiliary\Build\
vcvarsamd64_x86.bat"
call" 上级目录路径地址 \IntelSWTools\compilers_and_libraries_2020.4.311\
windows\bin\ipsxe-comp-vars.bat" intel64 vs2019
```

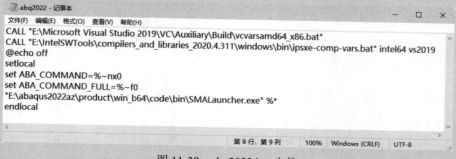

图 11-39　abq2022.bat 文件

❷ 验证。在 Windows 系统中执行 "开始" 命令，在程序列表中展开 "Dassault Systemes

Note

SIMULIA Established Products 2022"文件，单击其中的"Abaqus Verification"，运行该程序，打开"管理员：Intel Compiler 19.1 Update 3 Inte(R) 64 Visual Studio 2019"验证界面，当该界面显示各个程序的验证结果为"PASS"时，表示验证通过，如图 11-40 所示。

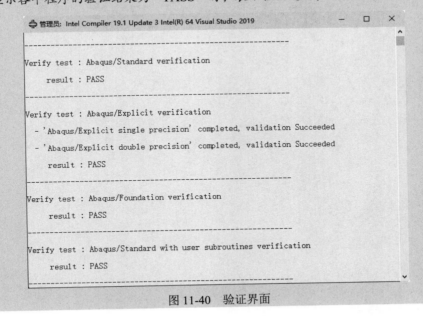

图 11-40 验证界面

11.6 本 章 小 结

本章详细介绍了用户子程序 VUMAT 编写的关键技术。对 VUMAT 的接口实现方法、主程序与子程序之间传递数据的变量数组、调试方法等做了详细的介绍。对基于 JC 本构模型用户子程序 VUMAT 的编写及和 ABAQUS 主程序数据交互及计算步骤的循环迭代流程做了介绍。最后将基于 JC 本构模型的用户子程序 VUMAT 应用于 Taylor 杆撞击仿真分析中，并与 ABAQUS 自身材料库中的 JC 本构模型的计算结果进行对比验证。

附录 A   INP 文件

```
*Heading
** Job name: Taylor_bar_vumat Model name: Model-1
** Generated by: Abaqus/CAE 2020
*Preprint, echo=NO, model=NO, history=NO, contact=NO
**
** PARTS
**
*Part, name=Taylor_bar
*Node
      1, 0.0194188356, 0.00478631351,          0.
      2, 0.0177091211, 0.00929446332,          0.
      3,  0.014970215, 0.0132624535,           0.
      ......
*Element, type=C3D8R
   1,  118,  109,  116,  139,   28,   19,   26,   49
   2,  139,  116,  108,  120,   49,   26,   18,   30
   3,  117,  110,  109,  118,   27,   20,   19,   28
   ......
*Nset, nset=Set-2, generate
   1,  1890,    1
*Elset, elset=Set-2, generate
   1,  1520,    1
** Section: Section-1
*Solid Section, elset=Set-2, material=jc_bar
,
*End Part
**
**
** ASSEMBLY
**
*Assembly, name=Assembly
**
*Instance, name=Taylor_bar-1, part=Taylor_bar
*End Instance
**
*Nset, nset=Set-1, instance=Taylor_bar-1, generate
 1,  90,   1
```

```
*Elset, elset=Set-1, instance=Taylor_bar-1, generate
 1,  76,  1
*Nset, nset=Set-2, instance=Taylor_bar-1, generate
  91,  1890,  1
*End Assembly
**
** MATERIALS
**
*Material, name=jc_bar
*Density
8960.,
*Depvar
   4,
*User Material, constants=11
124.E9, 0.34, 90.E6, 292.E6, 0.31, 0.025, 1083, 25, 1.09, 0.9, 383
**
** BOUNDARY CONDITIONS
**
** Name: BC-1 Type: Displacement/Rotation
*Boundary
Set-1, 3, 3
**
** PREDEFINED FIELDS
**
** Name: Predefined Field-1  Type: Velocity
*Initial Conditions, type=VELOCITY
Set-2, 3, -100.
** ----------------------------------------------------------------
**
** STEP: Step-1
**
*Step, name=Step-1, nlgeom=YES
*Dynamic, Explicit
, 0.001
*Bulk Viscosity
0.06, 1.2
**
** OUTPUT REQUESTS
**
*Restart, write, number interval=1, time marks=NO
**
** FIELD OUTPUT: F-Output-1
**
*Output, field, number interval=50
```

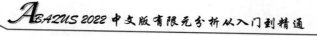

Note

```
*Node Output
U, V
*Element Output, directions=YES
E, S, SDV
**
** HISTORY OUTPUT: H-Output-1
**
*Output, history, variable=PRESELECT
*End Step
```

附录 B 源 程 序

```
c
c
c     *Material, name=jc
c     *Density
c      8960.,
c     *User Material, constants=10
c      124.E9, 0.34,90.E6, 292.E6, 0.31, 1.09
c     *Depvar
c        4,
c
c     采用了简化的 JC 本构模型（即不考虑温度效应引起的热应力）
c
        subroutine vumat(
c Read only -
      1 nblock, ndir, nshr, nstatev, nfieldv, nprops, lanneal,
      2 stepTime, totalTime, dt, cmname, coordMp, charLength,
      3 props, density, strainInc, relSpinInc,
      4 tempOld, stretchOld, defgradOld, fieldOld,
      5 stressOld, stateOld, enerInternOld, enerInelasOld,
      6 tempNew, stretchNew, defgradNew, fieldNew,
c Write only -
      1 stressNew, stateNew, enerInternNew, enerInelasNew )
c
        include 'vaba_param.inc'
c
c For 3D cases using the J2 Mises Plasticity with Johnson-Cook isotropic
hardening.
c Elastic predictor, radial corrector algorithm.
c
c 状态变量存储
c
c STATE(*,1) = equivalent plastic strain
c STATE(*,2) = equivalent plastic strain rate
c STATE(*,3) = yield strss
c STATE(*,4) = Temperature
c
c 用户需输入参数，其中 Coe_Th_Exp 用于计算由温度引起的应变的系数，此处暂不考虑
c
c props(1) Young's modulus
```

Note

```
c props(2) Poisson's ratio
c props(3) JC_A
c props(4) JC_B
c props(5) JC_N
c props(6) JC_C
c props(7) TM
c props(8) Tr
c props(9) vm
c props(10) Coe_inelas
c props(11) Spec_Heat
c props(12) Coe_Th_Exp

c
c All arrays dimensioned by (*) are not used in this algorithm
c
      dimension coordMp(nblock,*), charLength(nblock), props(nprops),
     1     density(nblock), strainInc(nblock,ndir+nshr),
     2     relSpinInc(nblock,nshr), tempOld(nblock),
     3     stretchOld(nblock,ndir+nshr),
     4     defgradOld(nblock,ndir+nshr+nshr),
     5     fieldOld(nblock,nfieldv), stressOld(nblock,ndir+nshr),
     6     stateOld(nblock,nstatev), enerInternOld(nblock),
     7     enerInelasOld(nblock), tempNew(nblock),
     8     stretchNew(nblock,ndir+nshr),
     9     defgradNew(nblock,ndir+nshr+nshr),
     1     fieldNew(nblock,nfieldv),
     2     stressNew(nblock,ndir+nshr), stateNew(nblock,nstatev),
     3     enerInternNew(nblock), enerInelasNew(nblock)

     parameter ( zero = 0.d0, one = 1.d0, two = 2.d0,
     * third = 1.d0 / 3.d0, half = 0.5d0, vp5 = 1.5)
c
c 将用户输入参数赋给相应变量
c
     e=props(1)
     xnu=props(2)
     pa=props(3)
     pb=props(4)
     pn=props(5)
     pc=props(6)
     Tm=props(7)
     Tr=props(8)
     vm=props(9)
Coe_inelas=props(10)
     Spec_Heat=props(11)
c Coe_Th_Exp=props(12)
```

```fortran
c
c 设定拉梅常数
c

      twomu = e / ( one + xnu )
      alamda = xnu * twomu / ( one - two * xnu )
      thremu = vp5 * twomu
      vk=e/(1-2*xnu)
c
c 判断是否为初始时间步
c
      if ( stepTime .eq. zero ) then      !初始时间步

      do k = 1, nblock

c   计算试探应力
          trace = strainInc(k,1) + strainInc(k,2) + strainInc(k,3)

          stressNew(k,1) = stressOld(k,1)
     *        + twomu * strainInc(k,1) + alamda * trace
          stressNew(k,2) = stressOld(k,2)
     *        + twomu * strainInc(k,2) + alamda * trace
          stressNew(k,3) = stressOld(k,3)
     *        + twomu * strainInc(k,3) + alamda * trace
          stressNew(k,4)=stressOld(k,4) + twomu * strainInc(k,4)
          stressNew(k,5)= stressOld(k,5) + twomu * strainInc(k,5)
          stressNew(k,6) = stressOld(k,6) + twomu * strainInc(k,6)
      end do

      else        !非初始时间步

      do k = 1, nblock

        !计算试探应力
          trace = strainInc(k,1) + strainInc(k,2) + strainInc(k,3)

          s11 = stressOld(k,1)
     *        + twomu * strainInc(k,1) + alamda * trace
          s22 = stressOld(k,2)
     *        + twomu * strainInc(k,2) + alamda * trace
          s33 = stressOld(k,3)
     *        + twomu * strainInc(k,3) + alamda * trace
          s12=stressOld(k,4) + twomu * strainInc(k,4)
          s23= stressOld(k,5) + twomu * strainInc(k,5)
          s13 = stressOld(k,6) + twomu * strainInc(k,6)
```

```fortran
      !计算试探静应力
      sm=(s11+s22+s33)/3

      !计算试探应力的 3 个正应力分量
      s11=s11-sm
      s22=s22-sm
      s33=s33-sm

      !计算等效试探应力
      vmises = sqrt( vp5 * ( s11 * s11 + s22 * s22 + s33 * s33 +
     *  two * s12 * s12 + two * s13 * s13 + two * s23 * s23 ) )
c
      peeqOld=stateOld(k,1)          !时间步开始时的等效塑性应变
      peeq_rate=stateOld(k,2)        !时间步开始时的等效塑性应变率
      sig_y= stateOld(k,3)
      temp=stateOld(k,4)

      if(peeqOld.eq.zero) then
          sig_y = pa
      end if

c
c 计算试探应力的等效应力和屈服应力之差
c
      sigdif = vmises - sig_y
c
c 若计算试探应力的等效应力大于屈服应力，则材料产生塑性变形
c
      if(sigdif .GT. 0)then
c
c 对材料温度进行界定
c
          if(temp .lt. Tr)then
              temp = Tr
          end if

          if(temp .GT. Tm)then
              tt=0
          else
              t1=(temp-Tr)/(Tm-Tr)
              tt=1-t1**vm
          end if
c
c 材料首次屈服时，设等效塑性应变率为 1
```

```
c
            if(peeq_rate .lt. 1)then
            peeq_rate=1
            end if
c
c 计算塑性硬化模量，即屈服函数对等效塑性应变取偏导数
c

            if(peeqOld .eq.zero) then
                hard=thremu
            else
                hard=pb*pn*(peeqOld**(pn-1))*(1+pc*log(peeq_rate))*tt
            end if
c
c 计算等效塑性应变增量
c
            deqps=sigdif/(thremu+hard)
c
c 计算等效塑性应变
c
            peeqOld=peeqOld+deqps
c
c 计算本步长的等效塑性应变率
c
            peeq_rate=deqps/dt
c
c 若本步长的等效塑性应变率小于 1，则令其等于 1，tvp=1+pc*log(peeq_rate)=1
c
            if(peeq_rate .LE. 1)then
                tvp=1
c
c 若本步长的等效塑性应变率大于 1，则计算 tvp=1+pc*log(peeq_rate)
c
            else
                tvp=1+pc*log(peeq_rate)
            end if
c
c 由得出的等效塑性应变计算屈服应力，并将其保存供下步计算使用
c
            sig_y=(pa+pb*(peeqOld**pn))*tvp*tt
c
c 计算塑性变形产生的热
c
            dtemp=Coe_inelas*sig_y*deqps/(density(nblock)*Spec_Heat)
c
c 计算补偿因子
```

Note

```
c
            factor=sig_y/vmises
c
            stateOLd(k,1)=peeqOld
            stateOLd(k,2)=peeq_rate
            stateOLd(k,3)=sig_y
            stateOLd(k,4)=temp+dtemp
c
c 若未产生塑性流动，则补偿因子为1，等效塑性应变为零
c
        else
            factor=1
            peeq_rate=1
            deqps=0
            dtemp=0
        end if
c
c 更新应力
c
        stressNew(k,1) = s11 * factor+ sm !+vk*(trace/3-ds_Temp)
        stressNew(k,2) = s22 * factor+ sm !+vk*(trace/3-ds_Temp)
        stressNew(k,3) = s33 * factor+ sm !+vk*(trace/3-ds_Temp)
        stressNew(k,4) = s12 * factor
        stressNew(k,5) = s23 * factor
        stressNew(k,6) = s13 * factor
c
c 更新状态变量
c
        stateNew(k,1)=stateOLd(k,1)
        stateNew(k,2)=stateOLd(k,2)
        stateNew(k,3)=stateOld(k,3)
        stateNew(k,4)=stateOld(k,4)
c
c 更新内能
c
        stressPower = half * (
    * ( stressOld(k,1) + stressNew(k,1) ) * strainInc(k,1) +
    * ( stressOld(k,2) + stressNew(k,2) ) * strainInc(k,2) +
    * ( stressOld(k,3) + stressNew(k,3) ) * strainInc(k,3) ) +
    * ( stressOld(k,4) + stressNew(k,4) ) * strainInc(k,4) +
    * ( stressOld(k,5) + stressNew(k,5) ) * strainInc(k,5) +
    * ( stressOld(k,6) + stressNew(k,6) ) * strainInc(k,6)
c
        enerInternNew(k) = enerInternOld(k) + stressPower / density(k)
c
c 更新非弹性耗散能
```

```
c
      plasticWorkInc = sig_y * deqps
      enerInelasNew(k) = enerInelasOld(k)
    *+ plasticWorkInc / density(k)

end do

end if

return
end
```

书 目 推 荐

◎ 视频演示：高清教学微视频，扫码学习效率更高。

◎ 典型实例：经典中小型实例，用实例学习更专业。

◎ 综合演练：不同类型综合练习实例，实战才是硬道理。

◎ 实践练习：上级操作与实践，动手会做才是真学会。